숲의 / 가치

The value of forest

구민사

숲의 가치

The value of forest

이천용 최상규 지음

구민사

저자소개

이천용
- 고려대학교 농학박사
- 국립산림과학원 임지보전과장, 한국산지보전협회 산지연구센터장
- 미국 Oregon대학교, 덴마크 코펜하겐대학교 연구교수
- 고려대학교, KAIST 녹색성장대학원 강사
- 홍연신 운영위원장
- KOICA 키르기스스탄 산림분야 자문관

현재
- 국민대학교 평생교육원 숲해설교육 강사
- (사)숲과문화연구회 운영이사(회장 역임)
- 한국산지복원연구소장, 산림기술사

최상규
- 중앙대학교 이학박사
- 남광엔지니어링, 청석엔지니어링, 제일엔지니어링(현) 근무
- 중앙대학교 · GES교육원 · 숲해설교육기관 및 환경센터 강사

현재
- (사)숲연구소 강사
- (사)한국산림복원협회 이사, 피움연구센터 이사
- (사)산생태교육연구소 이사, (사)한국자연환경보전협회 이사
- 국립생태원 전문조사원(식생·외래식물·습지분야), 자연환경관리기술사

숲의 가치 The value of forest

초판 인쇄 2024년 4월 1일
초판 발행 2024년 4월 10일

지 은 이	이천용·최상규
발 행 인	조규백
발 행 처	도서출판 구민사
	(07293) 서울시 영등포구 문래북로 116, 604호(문래동3가, 트리플렉스)
전 화	(02) 701-7421
팩 스	(02) 3273-9642
홈페이지	www.kuhminsa.co.kr
신고번호	제 2012-000055호 (1980년 2월4일)
I S B N	979-11-6875-290-0(03910)
값	26,000원

이 책은 구민사가 저작권자와 계약하여 발행했습니다.
본사의 서면 허락 없이는 어떠한 형태나 수단으로도 이 책의 내용을 이용할 수 없음을 알려드립니다.

Preface

책을 내면서

　우리나라의 헐벗은 산지는 1970년대부터 20여년 동안 정부의 강력한 조림 및 산림보호 정책과 대체연료 개발 등으로 울창한 숲으로 변모하였다. 산림녹화가 성공하자 국가의 임업정책은 산림자원 육성과 공익기능 증진으로 자연스럽게 이동하였다. 2000년대에 들어서면서 산림은 물의 저장과 수질개선, 공기정화, 산지재해 방지, 토양침식 억제, 휴양 등 국토 안전과 국민건강을 증진하는 기능을 가지고 있다는 과학적 결과가 규명되었고, 국민의 관심도 높아져 산림 가치는 산림교육, 산림휴양문화, 산림치유, 기후변화 저감 등으로 외연을 더 넓히게 되었다.
　인간의 삶과 건강에 가장 중요한 것은 물과 공기이다. 그동안 우리는 둘 다 공짜로 누리며 살았지만 점차 환경이 오염되면서 물은 사먹어야 했고, 공기는 청정기를 설치해야 하는 시대가 되었으며, 이러한 불편한 환경은 미래에도 크게 개선되지 않을 것이다. 과거 숲은 목재자원이나 부산물을 공급하는 최적의 장소였지만, 이제는 숲으로 인한 물과 공기의 정화능력은 인간의 삶의 질이나 생명을 좌우하므로 목재생산보다 중요하게 되었다.
　이렇게 공익기능이 중요한 숲은 산업발달과 인구 증가에 따라 도로, 택지, 공장용지 등으로 매년 1만 헥타르씩 감소하고 있다. 특히 대도시 주변의 숲은 우리 생활과 밀접하므로 잘 보전해야 마땅하나 인간의 간섭과 대기오염 등으로 훼손되고, 감소하고 있으므로, 극단적인 기후변화에 완충능력을 발휘하지 못해 폭우와 폭염으로 인한 재해가 빈번해지고 있다.
　숲이 인간에게 주는 혜택과 편익은 숲이 생장할수록 점점 커지나 숲을 제대로 가꾸지 않으면 공익기능은 크게 증가하지 않는다. 그러므로 숲의 보전과 적절한 관리는 후손들의 생명을 담보하는 차원에서 반드시 수행되어야 할 것이다.
　이 책에서는 숲의 공익기능 중 23개 분야에 대해 숲의 효용을 구체적으로 설명하고, 각각의 숲을 어떻게 관리해야 할 것인지를 기술하였다. 단순히 숲이 가지는 공익기능을 소개하는데 그치는 것이 아니라 산림 분야의 새로운 길을 개척하는 이정표가 되었으면 하는 마음이 간절하다.
　도서출판 구민사의 적극적인 응원과 격려로 책을 발간하게 되어 무척 기쁘고 감사하다. 숲의 혜택이 온 국민에게 함께 하기를 소망한다.

이천용 · 최상규

Contents

- 제 1 장 숲의 선물 … 9
- 제 2 장 문화 융성 … 17
- 제 3 장 물 저장과 공급 … 31
- 제 4 장 수질 보호 … 45
- 제 5 장 산사태 방지 … 63
- 제 6 장 낙석 방지 … 77
- 제 7 장 비사방지(모래날림방지) … 85
- 제 8 장 경관 향상 … 101
- 제 9 장 건강 증진 … 115
- 제 10 장 대기정화 … 133
- 제 11 장 소음 방지 … 145
- 제 12 장 어류의 서식지 어부림 … 153
- 제 13 장 사막화 방지 … 163

Contents

- 제 14 장 해안재해 방지 … 177
- 제 15 장 홍수 예방 … 187
- 제 16 장 산림토양 보전 … 199
- 제 17 장 야생동물의 서식지 … 209
- 제 18 장 청소년의 교육장소 … 223
- 제 19 장 찬바람 생성 … 233
- 제 20 장 산불 확산방지 … 241
- 제 21 장 바람막이 … 249
- 제 22 장 기후변화 저감 … 259
- 제 23 장 숲관광의 활성화 … 269
- 제 24 장 산지습지 보전 … 285
- 참고문헌 … 299

The value of forest

제1장 숲의 선물

1. 숲과 인간

　과거 인류는 강을 배경으로 삶을 영위하면서 강 상류에 있는 숲에서 의식주를 해결하였다. 인구의 증가와 문명의 발달은 더 많은 주거지와 식량 그리고 생활에 필요한 가공품을 나무로 충당하였다. 숲이 적정한 순환에 의해 충분한 의식주를 공급하는 단계를 지나면서 대면적으로 황폐하기 시작하였고, 일찍이 문명이 발달한 지역은 모두 숲이 사라져 버리고 완전한 불모지로 바뀌었다.

　숲의 파괴는 잘 살아보겠다는 인간의 끝없는 탐욕으로 빠르게 진행되었는데, 이미 개발이 끝나 안정기에 들어선 선진국은 숲의 보전이 곧 인류의 생존이라는 명백한 진리를 자각하고 숲의 면적을 늘리거나 잘 가꾸어 자연의 혜택을 만끽하고 있는 반면, 여전히 빈곤에 처해있는 개발도상국은 오로지 숲을 파괴하여 얻은 반대급부를 이용하여 잘 살겠다고 숲을 훼손하고 있다. 물론 문명이 아무리 빠르게 발전하더라도 지구의 숲이 다 사라지지는 않는다. 그 이유는 아시아와 아프리카, 남미의 숲은 지구온난화를 우려할 만큼 매년 약 1천만 헥타르씩 사라지고 있지만, 선진국은 숲을 새로 조성하고 있기 때문이다. 예를 들어, 영국은 20세기 초만 하더라도 산림 면적이 국토의 5%에 불과했지만 현재는 13%까지 증가하였다.

　숲의 파괴는 단순히 나무와 풀이 사라지는 것이 아니다. 생태계가 사라지고 나아가 자연과 밀접한 관련이 있는 인간의 삶까지도 크게 위협하는 것이다. 생물다양성이 높은 열대림이 빠르게 사라지고 있는 것이 더욱 큰 문제이다. 산림파괴가 지속된다면 금세기 중반에는 모든 식물종과 숲에 서식하는 동물종의 2/3가 사라질 것이라고 한다.

　만약 세계의 숲이 모두 사라진다고 가정하면 세상은 어떤 모습으로 변할까? 건축용 목재를 대신할 제품을 생산하려면 수백 배의 에너지를 사용해야 하기 때문에 건물이나 주택 건축 비용이 크게 증가할 것이고, 석유나 기타 연료는 상상을 초월하는 가격으로 생산되고 판매될 것이며, 식용 임산물이나 숲에서 채취하던 의약물질은 인공합성 제품으로 대체될 것이다. 숲이 없다면 농지의 생산성 유지를 위해 지금보다 훨씬 더 많은 물과 비료의 투입이 요구될 것이다. 숲이 사라지면 물질적인 것 이외에도 인간 활동과 관계없이 존재하는 생물학적 복잡성을 지니는 생태계의 대부분을 잃게 되고, 대안적 삶의 형태와 방식에 대한 지식을 구할 수 있는 원천을 잃게 될 것이다.

숲은 인간의 생명을 유지하는 기능을 발휘한다. 숲의 생명유지 기능은 인류가 경제활동을 통해 생산한 모든 경제적 가치를 초월한다. 매년 숲이 제공하는 생태계 서비스를 경제적 가치로 환산하면 약 33조 달러로 추정되며, 이것은 세계 모든 나라에서 생산되어 유통되는 재화와 용역의 연간 총생산액의 2배에 달하는 금액이다. 더 나아가 숲에는 생명유지를 위한 물질적 가치보다 인간 생존을 위한 더 중요한 미적, 인문적 가치들이 존재한다.

인류 역사의 상당 기간 동안 사람들은 나무나 숲에서 피난처를 구했다. 일상의 소음과 번잡함을 피해 나무그늘과 고요한 숲에서 시와 이야기를 나누며 휴식을 찾았다. 숲에서는 인간사회의 스트레스로부터 벗어나 안정된 마음을 찾을 수 있다. 숲은 영속의 세계로 회귀하는 뚜렷한 느낌을 갖게 해 준다. 역사적으로 위대한 예언자들에게 숲은 큰 영향을 주었다. 석가는 보리수 아래에서 해탈했다. 아브라함은 참나무 숲에서 하나님을 즐겁게 했다. 조로아스터는 페르시아의 숲을 유랑했다. 인간이 영원한 진리와 도덕적 명료함을 얻으려 할 때 숲은 강력하고 절대적인 장소였다. 숲은 생명을 위해 필수적임을 확실하게 보여준다. 숲을 찾으면 자연 속에서 편안함과 안정을 찾는 심리적 편익과 육체적으로 건강 증진을 꾀할 수 있고, 야외 여가문화를 활성화시키기 때문에 사회의 건전성이 고취된다(남궁진, 2014).

인간은 숲을 문화라는 필터를 통해 볼 수밖에 없지만 숲은 문화적 축조물 이상의 그 무엇을 지닌다. 숲은 인간 시스템이 현재의 모습을 갖출 수 있도록 도와주는 생태 시스템이다. 인간사회는 숲이 있는 환경에서 등장했으며 끊임없이 숲과 연관을 맺어왔기 때문에, 숲속에서 자신의 본성이 투영된 모습을 발견할 수 있다. 숲에는 인간 진화의 본질이 담겨 있으며 삶을 풍요롭게 만들 수 있다는 내재적 의미가 존재한다. 성경 시편의 작가인 다윗 왕이 말하길, "내가 눈을 들어 산을 보리라, 나의 구원을 어디로부터 오는가"라고 했는데, 숲은 인간세계와 자연세계 속에 존재하는 신으로부터 영감을 얻을 수 있는 원천임을 이미 수천 년 전에 자각하였다. 여러 시대를 거치면서 숲은 하나의 자원이나 아름다운 주거지 이상의 더 큰 의미를 지니는 공간으로 발전하였다. 인간이 문명의 속박을 벗어나 숲과 마주할 때 문명의 한계는 더 분명해지고 가식 없는 자연과 마주할 때 본성은 풍요해진다. 숲이 없는 인류의 삶은 황량함 그 자체이다. 숲을 곁에 두고 매일 즐기며 숲의 존재만으로도 만족하는 사람들에게 숲이 사라진다는 것은 상상조차 할 수 없는 거대한 공포이다(남궁진, 2014).

2. 숲의 혜택

숲은 살아있는 나무, 풀 그리고 무생물인 토양으로 형성되어 있으며, 나무와 풀의 광합성에 의해 생산된 유기물은 숲에 축적되고 분해되어 토양의 일부가 되며, 다시 식물을 생산하는데 도움을 준다. 생물생산기능과 물질순환이 자연적으로 이루어지면 숲에서 얻은 목재로 주거, 일용품, 배 등의 재료는 물론 땔나무, 숯으로도 이용하고, 숲의 부산물인 나무열매와 산채는 사람들의 먹거리로 제공된다. 재생산력의 범위 내에서 숲을 이용하면 나무를 벌채해도 일정 기간 내에 다시 이용 가능한 상태가 되며 열매, 산채, 연료 등은 매년 채취하는 것도 가능하다.

그러나 인구 증가로 인한 농경과 목축이 시작되면서 인접한 숲은 농지와 초지로 개간되었고 풀과 낙엽은 퇴비로 이용되었다. 또한 대규모 목조건축물의 재료, 제염 및 제철용 연료로 이용하기 위하여 과도하게 벌채되어 숲은 점점 황폐되었다. 지형이 험하고 비가 많이 오는 곳의 산림황폐는 곧바로 토사유출, 홍수 등 재해발생의 원인이 되었고, 논농사에 필수적인 물이 안정적으로 공급되지 못해 작물 생산량도 감소하게 되었다. 개발도상국에서는 숲의 훼손이 계속되고 있으나 선진국에서는 인류 문명의 발전 및 농업 형태변화에 따른 천연지역의 감소, 목선 대신 철선의 제작, 석탄이나 석유 같은 대체에너지 개발에 따라 점차 산림파괴 면적이 감소하였다.

문명의 발달은 공기와 물의 오염, 물 부족이라는 치명적인 폐해를 가져왔고 깨끗한 공기와 물을 원하는 인간의 노력은 결국 숲의 복원이라는 명제로 발전하였다. 즉, 숲은 풍부하고 깨끗한 물과 공기의 생산기지가 되고, 여러 가지 재해를 막는 공익적이고 사회적인 기능이 중요함을 알게 되었다. 숲은 목재 생산뿐만 아니라 자연환경을 보호하고 유지하며, 아름다운 경관을 꾸미며 국민건강을 지켜주는 가장 큰 보물이다.

숲의 공익적 기능은 크게 환경기능과 문화기능으로 나눈다. 환경기능으로서는 홍수를 막아주고 가뭄 때도 끊임없이 물을 공급해 주는 자연저수지 기능과 깨끗한 물을 제공하는 정수기의 역할뿐만 아니라 광합성 작용을 통하여 이산화탄소나 대기오염물질을 흡수하고 맑은 공기를 만드는 대기정화기능, 토사유출과 산사태 등 토양 침식을 막아주는 국토보전기능, 쾌적한 휴식처를 제공하는 산림휴양기능, 새와 짐승에게 살기 좋은 보금자리를 제공하는 야생동물보호기능, 소음과 바람을 막아주거나 기상을 완화하며, 다양한 생물종을 보전하는 기능이 있다. 문화기능으로는 문학, 예술, 교육, 종교 등의 터전을 제공하는 기능이 있다.

3. 숲에 대한 인식

우리나라는 전국 어디를 가나 산과 숲이 주변에 있었기 때문에 국민 대다수는 자연적으로 집과 직장에서 산과 숲을 바라보면서 안정감을 느끼며 살아왔지만 산과 숲을 찾아가는 적극적인 성향은 희박했다. 최근 노동시간의 단축과 급속한 경제발전으로 인한 소득 증대, 교통 시설의 발달, 여가 시간의 확대, 최대의 전염병 코로나-19 감염 등으로 인해 정신적 풍요의 추구가 점점 증가되었고, 이는 숲과 친숙한 접촉을 적극적으로 추진하는 움직임과 함께 숲의 광범위한 역할에 대한 관심을 고조시키고 있다.

숲은 인간생활에서 필수적인 자원이므로 더 이상 수탈하고 개발하는 대상이 아니라, 보전하고 새로이 조성해 나가면서 여러 가지 효용을 최대한 발현시켜야 할 자원이라는 인식이 확산되고 있다. 숲이 인간에게 경제적으로 주는 직접 가치보다 인구 증가와 산업발달에 의해 야기되는 대기오염, 수질악화, 물 부족, 소음 등의 문제를 줄일 수 있는 방법은 오직 '숲의 보전과 확대' 에 있다.

2015년 산림청이 숲에 대한 국민의 인식을 조사한 결과, 국유림의 최우선 역할은 산림생태계 보전, 휴양 및 여가 공간 제공, 목재자원 비축이라고 하였다. 국민 10명 중 7명은 우리 숲이 울창하다고 생각하였으며, 산림의 공익기능 가운데 가장 중요한 것은 '이산화탄소 흡수 및 대기정화'이며(29%), 수자원 증진 함양, 아름다운 경관 유지, 토사유출 방지 등의 순으로 중요하다고 평가하였다. '산을 찾아가는 사람이 늘어날 것'이라는 전망에 96%가 '그렇다'고 답했고, 또 휴양공간(88%), 산림보전(88%), 도시 녹색공간(86%), 청정임산물(84%) 등의 수요가 증가할 것으로 전망하였다. '산촌 거주 희망자가 늘어날 것'이라는 전망에 대해서도 그렇다고 응답한 비율이 76%에 달해 이전 조사에 비해 5% 이상 증가했다.

국립산림과학원이 2018년 진행한 설문조사결과에 따르면 일상적으로 생활권 숲을 자주 이용할수록 개인 삶의 만족도가 높게 나타났다고 밝혔다. 생활권 숲을 일주일에 1~2회 방문하는 사람의 삶의 만족도는 평균 76.5점(100점 만점 환산점수)으로, 숲을 전혀 방문하지 않는 사람에 비해 삶의 만족도가 9.8% 높은 것으로 분석됐다. 2명 중 1명은 월 1~2회 이상 일상적으로 숲을 이용하고 있으며, 숲에서 즐기는 활동으로는 등산이나 산림욕, 산책(76.8%)이 가장 많았고, 다음으로 휴식·명상, 경관 감상 등의 순이었다. 나이가 많아질수록 숲에 자주 방문하고, 연령이 낮아질수록 방문 빈도가 줄어드는 것으로 나타났다.

인격이 형성되려면 학교교육도 중요하지만 자연이 진정한 스승이다. 대안학교가 성공한 것은 숲과 자연에 둘러싸여 그 안에서 자연과 친밀해지기 때문이다. 숲과 같은 자연에서 사색하고 사물에 대한 깊은 관심을 갖고 자연을 만든 신에게 감사하고 기쁨이 표출된 시상과 악상을 떠올리는 등 심신의 안정과 단련에 가장 큰 역할을 하는 곳이 숲이다. 학자들은 숲이 정신건강과 육체건강에 큰 효능을 발휘하고 있음을 증명하였고, 숲에 자녀를 데리고 다녔던 가정을 보면 아이들의 학업성적도 우수함을 볼 수 있다. 숲을 지나며 자연의 신비를 만끽하고 자연과 더불어 살면서 선조의 지혜를 배우고, 마음의 평안을 얻으며 정신건강을 증진시키며, 아울러 고혈압 강하, 스트레스 해소 등 육체적으로도 얻는 유무형의 가치는 이루 말할 수 없다.

4. 숲의 회복

환경학자 레스터 브라운은 그의 저서 '플랜 B 3.0'에서 지구의 안전을 위해서 4가지 최우선 목표를 제시하였는데, 기후의 안정, 인구의 안정, 빈곤퇴치, 지구생태계의 회복이 그것이다. 이 중 기후의 안정과 생태계회복은 숲과 밀접한 관계가 있음은 부인하기 어렵다. 그는 지구의 안전을 위하여 조림을 해야 하고 산림훼손을 방지해야 한다고 주장하였는데, 다행히 우리나라는 개발론자의 주장에도 불구하고 산림면적 감소는 아직 크지 않으며 잘 자라는 청년숲이 숲의 절대량을 채워주고 있다.

산에는 나무가 쑥쑥 크는 덕분에 손톱 하나만큼의 공간도 허용하지 않고 완전히 두터운 녹색 옷을 입었다. 도시는 나무가 무성한 깊은 산으로 둘러싸인 셈이다. 그러나 도시인은 숲의 효과나 혜택도 모르고 존재 가치의 중요성도 모르는 듯하다. 수십 년

동안 선배들의 피땀 어린 정성으로 울창한 숲을 이루었지만 그들의 공은 다 어디가고 이제 와서 쓸모없는 나무만 가득하다고, 나무가 너무 많아 그들이 사용하는 물 때문에 오히려 냇물이 말랐다고, 아까시나무나 리기다소나무가 더 이상 쓸모가 없으니 그냥 베어버리라고 불평한다. 필요하지 않은 나무는 없다. 단지 돈으로 환산할 때 가격의 차이가 있을 뿐이다. 인간의 놀이문화나 주거, 아니면 돈을 벌기 위해 계곡 주변이나 산기슭을 개발한다고 숲을 없애면 지구온난화에 따른 집중호우가 예고 없이 찾아올 때 상상을 초월하는 재앙이 내릴까 염려된다.

숲의 보전과 개발은 항상 대립되어 있고 그 접점을 찾기가 쉬운 일이 아니다. 숲의 미래가 곧 인류의 미래임을 알지 못하고 숲을 다른 용도로 전환하거나 숲가꾸기 시기를 놓쳐 수십 년 후 아름다운 숲으로 바뀌어야 할 숲이 방치되고 있다. 대부분 이차림으로 구성되어 있는 30년 정도의 강원도 소나무는 수십 년 후 한 그루당 수백만 원의 가치가 될터이나, 방치한 결과 참나무가 침입하여 혼합림이 되었고 결국 참나무 그늘 때문에 소나무가 쇠퇴하는데 10년도 걸리지 않았다. 참나무류가 대부분인 활엽수림은 거의 이차림이므로 수십 년 후에는 나무속이 대부분 썩어서 목재가치가 떨어지며, 100만 헥타르 이상 심었다는 낙엽송이나 잣나무 등의 인공숲 역시 기존의 나무들에 치여 소위 잡목숲으로 변하고 있다.

아름다운 숲에서 어슬렁거리며 가지와 잎 사이로 보이는 파란 하늘을 만끽하며, 숲의 소리를 듣고 바람과 물소리와 풀벌레소리가 합주하는 자연의 향연을 그대로 받아들이기 위해서는 잡목숲이 아니라 정제된 숲이 필요하다. 소나무, 낙엽송, 편백 등은 오래될수록 목재자원 가치와 함께 공익기능도 발휘하므로 오래된 침엽수 숲이 진정한 숲이다. 우리나라에서 가장 아름다운 숲은 대관령휴양림 내에 있는 소나무숲이다. 접근성이나 경관성 그리고 인간의 손으로 만들었다는 차원에서 그렇다. 국민들에게 가장 좋아하는 나무가 무엇이냐고 물으면 대부분 소나무라고 대답하는데, 정작 이 멋진 솔숲은 모른다. 이러한 숲이 우리나라 산림의 10%만 있어도 휴양과 목재 가치는 상당할 것이다.

지금까지 숲을 만드는데 주력했다면 앞으로는 아름다운 숲을 가꾸어 문학과 예술의 향연 장소로, 정서의 함양 장소로, 나아가 건강의 증진 장소로 활용해야 한다. 중년층의 숲을 숲답게 잘 가꾸기 위해서는 거국적 차원의 투자가 절실하다. 후손들이 사이버 세상이 아닌 현실 속에서 인성이 확보되어 한국의 미래를 올바르게 이끌어 나갈 수 있도록 말이다. 인간의 행태와 밀접한 문화는 원래 숲에서 시작되었다.

그림 1-1 대관령휴양림의 아름다운 소나무숲

그림 1-2 가평 연인산의 잣나무숲

The value of forest

제2장 문화 융성

1. 숲문화

'숲'이란 수풀의 줄임말로서 순수한 우리말이다. 정부에서는 같은 뜻의 한자어인 '산림(山林)'이란 단어를 사용하지만 최근에는 숲이란 말이 훨씬 친근하고 자주 이용된다. 숲은 '나무가 무성하게 꽉 들어찬 곳' 또는 '풀, 나무, 덩굴이 한데 엉킨 곳'으로 정의한다. 숲의 영어인 'Forest'는 왕실 사냥터를 보호하기 위한 개념으로 사용되었다.

한편 문화는 자연에서 유래되었다. 문화(Culture)는 라틴어 colere(경작하다, 재배하다)에서 유래되었는데, 인간이 자연을 개조하는 것이라는 뜻이다. 즉, 자연을 이용하여 삶을 영위하기 위한 인간의 생활양식이고, 역사와 관습, 사회의 생활상이 투영된 문학, 미술, 음악, 응용예술 등을 포함하고 있다(김기원, 2014).

'숲문화'를 정의할 때 숲과 문화는 각각 독립성을 가지고 있지만 자연의 중심인 숲이 문화의 근본과 문화 태동의 핵심이기 때문에 둘을 함께 연관지어 해석하는 것이 타당하다. 숲과 함께 사는 인간의 삶속에 오랜 세월동안 터득한 문화적, 정신적, 영적 가치가 들어 있다는 뜻이다. 즉, 숲은 단순한 물질이 아니라 정신문명을 발전시키는 중요한 공간이다.

신이 만든 원래의 모습을 자연이라고 한다면 여기에 인간의 지적 활동을 더한 것이 문화이고 문화활동의 유일한 주체는 인간이다. 자유로운 상상력을 통해 자연을 개발하여 문화를 만들고, 문화는 역사와 환경에 따라 끊임없이 다양하게 변화한다.

자연은 한국인의 삶과 정신과 마음을 결정짓는 가장 중요한 요소이며, 전 국토의 대부분이 숲으로 덮인 산이었다면 산과 숲은 문화의 요람이고 문화가 탄생하는데 가장 큰 장소였다. 조상들은 숲속의 나무, 산, 돌과 같은 자연환경과 밀접한 관계를 맺으면서 살았으므로 숲이나 나무와 관련된 풍속은 셀 수 없을 만큼 많다. 산(숲)에서 강이 발원하고 산(숲) 아래 마을을 이루고 살면서 독특한 문화를 가꾼 사람들의 이야기가 곧 '숲문화'이다.

2. 소나무 문화

전국 숲의 약 1/5을 차지하는 소나무는 일상생활과 밀접한 나무이다. 소나무는 집을 짓는데 사용하는 건축재이고 배를 만드는 조선재였다. 조선시대에는 육로가 발달하지 못해 바다나 강을 이용하여 배로 무거운 쌀이나 소금을 실어 날랐다. 소나무는 생활에 필수품인 소금을 만드는 연료였다. 천일염이 없던 시대에는 바닷물을 끓여서 소금을 생산하였는데, 소금 1kg을 생산하려면 2kg의 연료가 필요하였으므로 엄청난 소나무가 필요하였다.

가을걷이를 한 농산물이 떨어지고 보리를 생산하기 전까지 5~6월에는 먹을 것이 없어 소나무 껍질을 벗겨서 송기떡을 만들어 연명하였다. 아이가 태어나면 솔문을 세워 금줄을 쳐서 솔잎을 꽂았고, 아이가 자라면서 솔방울을 노리개 삼고, 송홧가루를 따다 물에 이겨 다식을 만들었다. 또한 산모의 첫 국밥도 솔가지를 태워 끓였으며, 죽으면 소나무 관에 넣어 솔밭에 묻었다. '소나무 아래서 태어나 소나무와 더불어 살다가 소나무 밑에서 죽는다'고 할 정도로 소나무는 생활에 물질적 · 정신적으로 가장 많은 영향을 끼쳤다(전영우, 2014).

소나무는 민족의 심성을 나타내며 시공을 초월하여 문학과 예술분야의 귀중한 소재가 되고 있다. 고구려 진파리 고분에서 발견된 소나무 그림은 마치 하늘로 올라가는 듯한 모양에서 땅과 하늘을 연결하는 우주수나 세계수 또는 생명수로 해석한다. 소나무는 장수, 청렴, 절개를 상징하는 나무로서 시나 이야기에 가장 많이 출현한다. 조선의 유명한 시인 허난설헌은 소나무숲에 둘러싸인 집에서 태어나서 소나무에 대한 시를 많이 남겼다.

강원도 영월군 남면 광천리에 있는 천연기념물 600년생 관음송은 이야기에 자주 등장한다. 관음의 뜻은 '단종의 애달픈 생활을 지켜보아서 관(觀)이고, 그의 오열을 들었으니 음(音)'이라 한 것이다. 굵은 몸통에서 갈라진 두 줄기 중 한 줄기는 곧바로, 한 줄기는 서쪽으로 비스듬히 뻗어 있는데 줄기 사이에 단종이 앉아 쉬었다는 전설이 있으며, 관음송은 나라에 큰 변이 있을 때 나무껍질이 검은색으로 변해 변고를 알려주었다고 하여 마을사람들이 신성시하고 있다.

그림 2-1 강릉 허난설헌 생가 주변 소나무숲

3. 문화림의 대상

문화림이란 유·무형 문화재의 안과 밖에 존재하면서 그와 함께 영원한 삶을 누리는 숲이다. 즉, 건축, 역사, 음악, 미술, 문학의 배경이 되며 그 실체를 더욱 부각시키는 역할을 한다. 숲이 곧 문화이므로 숲이 없으면 문화도 사라진다. 문화적 산물과 숲의 자연스러운 연결을 통하여 새로운 숲문화를 만들고, 주변 숲을 잘 보전하고 관리하여야 문화유산의 가치가 더욱 발휘될 것이다. 우리나라 숲속에는 여러 가지 문화재가 산재하여 있다. 세계문화유산으로 지정된 석굴암, 해인사의 팔만대장경, 경복궁과 후원이 모두 숲속에 위치하며, 경주 남산

그림 2-2 영월 청령포 관음송

처럼 불교 문화재가 지천으로 깔린 곳도 있고, 한 때 이천여 개에 달했을 정도로 많았던 산성(山城)은 숲에 둘러싸인 역사의 증인이다. 왕릉 주변 숲, 왕가 선조묘 주변 숲은 문화재를 돋보이게 하고 보전하는 역할도 크다. 숲은 무형문화재를 보전하고 아름다운 이야기를 만들어 전파한 역사와 문화의 근원이다.

가. 임수(林藪)

문화림의 대표적인 숲이 임수(林藪)이다. 신라시대에 임수란 개국(開國)의 역사적 유서가 깃들여 있거나, 백성의 생활유지와 발달을 위하여 지정된 산기슭에서 물가에 이르는 천연림 또는 인공림을 조성하고 보호하는 의미가 있었고, 그 후에는 풍치 보전과 풍해, 조해(潮害), 수해를 막기 위한 인간생활 보호 또는 성곽과 성문을 가려주는 군사적 목적으로 설치되었다.

그림 2-3 경주 계림

임수는 신라시대부터 조선시대까지 모두 108개소가 설치되었는데, 삼국시대 15개소, 고려시대 14개소, 조선시대 79개소가 설치되었다.

삼국시대에 조성된 임수는 경주의 나정(蘿井), 계림(鷄林), 오릉(五陵), 낭산(狼山), 천경림(天鏡林), 왕가수(王家藪), 고양수(高陽藪) 등과 김해의 수로왕릉(首露王陵), 동래의 해운대(海雲臺)와 울진의 월송정(越松亭), 부여의 가림수(嘉林藪), 김제의 벽골제(碧骨堤), 완도의 주도(珠島)와 갈문리임수(葛文里林藪), 함양의 대관림(大館林) 등이다.

고려시대에 조성된 임수는 김해의 가락제방(駕洛堤防), 안동의 대왕수(大王藪), 달성의 공산동수(公山桐藪), 밀양의 율림(栗林), 강릉의 한송정(寒松亭)과 경포(鏡浦), 울진의 취운루(翠雲樓)와 울진임수(蔚珍林藪), 제주의 평대리비림(坪垈里榧林), 평양의 대동강임수(大洞江林藪) 등이 있었다. 기록에 의하면 고려 성종 1년(987년)에 특정 숲에서는 어떠한 경우에도 산에 불을 놓는 행위와 살아 있는 나무의 벌채가 금지되었고, 개성의 송악산에는 소나무림을 조성하여 특별히 관리했다고 한다(생명의숲, 2007).

조선시대의 대표적인 임수는 고령의 안림수(安林藪), 김천의 식송정(植松亭), 예천의 상금곡송림(上金谷松林), 안동의 대림(大林), 영덕의 봉송정(奉松亭) 등이 있다.

역사적으로 고려시대의 숲은 개인이나 나라에서도 관리하지 않는 '무주공산(無主空

그림 2-4 제주 평대리 비자림

그림 2-5 예천 상금곡송림

山)'의 개념이 강하여 어떤 산이든지 목재와 연료를 채취하고 관리들의 수렵, 무술 훈련장으로 이용되어 피해가 극심하였다. 하지만 조선시대에 들어서서 입산을 금지하는 봉산(封山) 또는 금산(禁山) 제도를 실시하여 특정 지역의 숲을 보호하였으며, 그 대상은 서울 남산의 소나무림, 명산이나 큰 하천 주변에 식재된 숲, 왕릉이나 사찰 주변의 숲이었다. 보호할 숲은 금표를 세워 경계를 정하고 표석을 세워 엄격하게 관리하였다.

그림 2-6 문경시 동호면 명전리 봉산 표석

그림 2-7 울진 소광리 입구 바위에 새긴 금표

나. 비보림(裨補林)과 엽승림(厭勝林)

선조들은 산(山), 물(水), 방위(方位) 등에 의해 이루어지는 풍수적 형국에 따라 인재나 재물 등 흥망성쇠가 결정된다고 믿었다. 따라서 풍수지리상 완벽한 장소를 원하였으나 완전하게 일치하는 곳은 극히 적으므로 적합하지 않은 지형을 인위적으로 보완하였는데, 그 방법이 비보와 엽승이다.

마을의 앞쪽으로 물이 흘러가는 출구나 지형상 개방되어 있는 마을의 앞부분을 은폐하기 위해 가로로 길게 심은 인공의 마을숲을 수구막이라고 하는데, 수구(水口)는 단지 물이 흘러나가는 물리적 의미의 수로(水路)를 지칭하는 것일 뿐만 아니라, 마을의 풍수지리적 형국이 가지고 있는 상징적 의미들, 즉 복락, 번영, 다산, 풍요 등 상서로운 기운이 함께 흘러 나간다고 믿는 심리적인 의미의 출구라고 생각할 때 수구를 막는 수구막이의 풍수적 의미는 확실해진다.

수구막이의 구체적 활용형식에는 비보림과 엽승림이 있다. 비보란 풍수상의 결점, 즉 부족한 점을 인위적으로 보완한다는 개념이고, 비보림이란 비보를 위해 인공적으로 조성된 마을숲이다. 한편 엽승이란 풍수적으로 불길한 기운을 눌러서 제압한다는 의미의 풍수용어이다. 풍수적으로 보아 지형 한 부분의 자세가 지나치게 상승되어 있는 마을도 있고, 마을에 해로운 영향을 미치는 요인들이 마을 주변에 존재하는데, 즉 화기(火氣), 살기(殺氣) 등이 마을에 비친다든가, 해로운 바위가 마을에서 보인다든가 또는 일어서려는 황소, 마을을 넘보는 기세등등한 백호 등의 형국이 마을 주변에 존재한다는 것이다. 이처럼 마을에 불길한 영향을 주는 요소가 마을 주변에 존재할 때에는 마을도 이에 대항하기 위해 그 방향에 인공물을 만들어 상승되어 있는 기세를 눌러 마을의 평안을 도모하는 엽승적 풍수효과를 얻기 위하여 마을숲을 조성하였다.

전북 남원 행정마을에는 개울가에 0.5헥타르의 200년 이상된 서어나무숲이 있다. 이 숲은 풍수사상에 따라 마을의 기운이 허한 곳을 막기 위해 조성한 비보림이다. 약 500년 전 마을이 처음 생긴 후 전염병이 생긴 것도 아닌데 큰 이유없이 마을 사람들이 죽었다. 그러던 어느 날 한 탁발승이 마을에 들렸는데 마을 사람들로부터 자초지종을 들은 후 "마을 앞에 나무를 많이 심으면 재앙이 사라질 것"이라고 일러주었다. 광

그림 2-8 남원 행정마을 서어나무 비보림

활한 들녘에 자리 잡은 마을은 전통적인 배산임수의 개념을 벗어나 앞이 너무 훤히 트여 있고, 또 북향을 하고 있어서 겨울에는 찬바람이 불었는데 매년 전염병과 흉년이 반복된 것도 서늘한 냉기 때문이었다. 마을 사람들이 나무를 심고 숲을 조성하자 온갖 병과 액운이 사라지고, 농사도 해마다 풍년을 이루었다고 한다.

다. 원림

원림(園林)이란 집안으로 한정하지 않고 건물 부근의 바위나 동산, 계곡 등과 건물을 자연스럽게 조화를 이루어 만든 작은 숲이다. 대표적인 곳은 담양의 소쇄원, 명옥헌, 독수정, 식영정 원림 그리고 장성의 요월정 원림이 있다.

1) 담양 소쇄원(瀟灑園)

사적 제304호로 양산보가 만든 소쇄원은 까치봉과 장원봉으로 이어지는 산줄기를 병풍처럼 두르고 무등산 북쪽 기슭의 광주호 상류에 자연에 포함되어 자리잡았다. 소쇄원은 세속의 벼슬이나 당파싸움에 야합(野合)하지 않고 자연에 귀의해 전원이나 산 속 깊숙한 곳에 따로 집을 지어 유유자적한 생활을 즐기려고 만들어 놓은 일종의 별서정원(別墅庭苑)이다.

소쇄원의 '소쇄'는 깨끗하고 시원함을 의미하고 있으며, 육조시대 공치규(孔稚珪)의 북산이문(北山移文)에서 연유한다. 그는 "은자는 속됨을 털어낸 밝은 의표와 세속의 더러움을 벗어난 소쇄한 생각으로 백설을 헤아려 깨끗함을 겨루고 푸른 구름 위로 곧바로 올라가야 함을 이제야 알겠구나"라고 하였다. 양산보는 이러한 명칭을 붙인 정원의 주인이라는 뜻에서 자신의 호를 소쇄옹이라 하였다.

흔히 소쇄원을 보고 계곡과 그 사이를 흘러 떨어지는 물, 온갖 나무들과 화초, 날아다니는 새들이 지저귀는 아름다운 정원이라고 한다. 그러나 소쇄원은 일반적인 정원이라기보다 숲과 자연을 그대로 두고 적절한 자리에 집과 정자를 배치한 원림으로, 자연에 인간의 마음을 담아낸 한국 최고의 명원이다. 소쇄원은 시냇물을 중심으로 맨 윗쪽 단에는 주인이 거처하는 제월당을 만들고, 아래쪽 시냇가에는 광풍각을 지었으며, 건물 사이에는 소나무, 매화, 대나무, 단풍나무 등을 심어 조화를 이루었다.

양산보는 소쇄원을 만든 후 "어느 언덕이나 골짜기를 막론하고 나의 발길이 미치지

그림 2-9 담양 소쇄원 원림

앉은 곳이 없으니 이 동산을 남에게 팔거나 양도하지 말고 어리석은 후손에게 물려주지 말라"는 유훈을 남겼다. 인간과 자연이 더불어 살아가는 방법을 터득한 그가 자손들도 그렇게 하기를 바라는 염원이 들어있기 때문이다. 소쇄원은 유명한 만큼 넓지도 크지도 않은 정원 형태의 나무와 대숲이 울창한 전통 원림이다.

2) 담양 명옥헌(鳴玉軒)

배롱나무숲으로 유명한 담양 후산마을의 명옥헌 원림은 소쇄원과 같이 아기자기한 맛은 없지만 한여름에 붉게 핀 꽃으로 유명한 곳이다. 명옥헌 원림은 오희도(1583~1623)가 집을 짓고 살던 곳이며, 넷째아들 오이성이 부친의 뒤를 이어 이곳에 은둔하면서 자연 경관이 풍부한 도장곡이라고 부르는 작은 계곡에 명옥헌을 지었다. 정자 앞에 네모난 연못을 파고 주위에 소나무와 배롱나무를 심었으며 빼어난 조경으로 가히 대표적인 원림 중 하나이다.

배롱나무에 둘러싸인 명옥헌은 주변의 자연경관을 끌어들이는 기법을 사용함으로써 시원스런 공간을 창출하고 있다. 배롱나무는 유난히 키가 크고 가지도 무성해 꽃송

그림 2-10 담양 명옥헌 원림

이가 많이 달릴 뿐 아니라 줄기와 가지가 단단해 매끄럽고 윤기가 흘러 여인의 다리를 떠올리게 한다. 한여름 배롱나무 꽃이 만개하면 뭉게구름이 둥둥 떠다니는 연못과 명옥헌이 한 폭의 산수화를 연출한다.

 네모난 연못 한가운데 원형의 방지에는 배롱나무 한 그루가 원형의 수형을 보인다. 방지는 아래에 돌을 쌓고 흙을 올렸는데 돌의 반은 수면 위로 올라와 인공의 냄새를 지웠다. 심한 가뭄에도 작은 계곡에서 계속 물이 나와 못을 채우고 못가에는 배롱나무 수십 그루가 이 모양 저 모양으로 서 있고 둑길에는 여섯 그루의 소나무가 운치를 더하고 있다.

 3) 장성 요월정(邀月亭)
 요월정은 조선 명조 때 공조좌랑(정6품)을 지낸 김경우(1517~1559)가 말년에 낙향하여 산수를 벗하며 음풍농월하기 위해 절벽 위에 1550년에 건축했으며, 그의 호를 따라 이름한 것이다. 요월(邀月)은 황룡강변에서 달을 맞는다는 뜻이므로 요월정을 높은 곳에 지었다. 요월정이 정상보다 약간 아래에 있다면 정상에는 아름다운 소나무들이 큰 키를 자랑하면서 파란 하늘을 배경으로 잎과 가지로 장식한 형상은 한폭의 그림이다.

그림 2-11 장성 요월정 원림

요월정에 올라서면 탁트인 들판 건너 옥녀봉이 보이며, 배롱나무와 소나무 아래에 황룡강이 흐르고 황룡 들녘이 잘 펴져 있다. 일화에 의하면 후손 김경찬이 이 정자의 경치를 찬양하여 조선 제일 황룡리라고 현판하였는데, 그러자 조정에서는 '장성 황룡이 조선 제일이면 한영은 어떠냐'라고 묻자 '천하에 제일'이라고 해서 화를 면했다고 한다.

라. 당산(堂山)나무(숲)

거대하고 장구한 수명을 가진 나무는 신이 지상에 내려오는 통로 또는 지상을 떠받치고 있는 중심이 되는 나무로 우주수(宇宙樹) 또는 세계수라 한다. 오래되고 커다란 나무에는 두렵고 성스런 신이 있다고 믿어 나무를 숭배하는 의식을 행하였다. 신성한 나무는 인간의 삶, 즉 문화와 불가분의 관계가 있어서 농사의 풍흉을 주관하거나, 자녀들의 다산, 인간의 길흉화복을 주관하는 신이 있다고 믿었다. 마을과 주민의 평안을 빌기 위해 마을 입구에는 성황(城隍)에서 유래된 서낭나무가 있었고, 마을 가까운 산이나 언덕에는 당산나무가 있었다.

전형적인 당산나무는 원주 치악산 남쪽 기슭에 위치한 성황림에 있다. 개울가 소나무숲 한 귀퉁이에 약간 높게 단이 쌓여 있고 당집이 있으며, 당산나무인 음나무와 전나무가 좌우에 있다. 마을 입구에는 마을의 안전과 보호를 위해 솟대를 세웠다. 나무가 신과 인간을 이어주는 통로인 셈이다.

그림 2-12 거창 위천 당산리 600년생 당송

그림 2-13 원주 성황림의 당집과 좌우의 당산나무

The value of forest

제3장 물 저장과 공급

1. 물은 생명의 원천

　지구상에 물이 없다면 인간은 존재할 수 없다. 신체는 70퍼센트가 물로 구성되어 있으며, 1~2퍼센트만 부족하여도 심한 갈증을 느끼고, 5퍼센트가 부족하게 되면 생명을 잃게 된다. 물은 몸속에서 물질의 용해와 전리, 영양분의 섭취 소화 흡수, 혈액순환, 노폐물 처리, 체온조절, 세포의 물리적 상태 유지 등 중요한 역할을 하고 있다. 음식물을 먹지 않고도 인간은 약 90일간을 생존할 수 있지만, 물을 마시지 못하면 1주일도 못 가서 죽음에 이를 수 있다는 사실은 물이 곧 생명의 바탕이며, 수억 년 동안 생명을 유지시켜 온 필수물질이다.

　고대 인류는 계곡물, 하천, 샘 등의 자연수를 이용하였으므로 물을 쉽게 얻을 수 있는 곳에 정착하여 마을을 이루고 농경문화를 발달시켜 왔다. 그러나 인구 증가, 도시화 및 산업화가 진행됨에 따라 자연적으로 생산되는 물만으로는 수요를 채울 수 없게 되었다. 따라서 인류는 먼 곳에서 물을 끌어 쓰는 방법을 생각하게 되었으며, 지속적인 물 공급을 위한 댐 건설로 도시와 산업의 진보적인 발전을 이룰 수 있었다.

　물은 일상생활과도 밀접한 관계가 있다. 음식, 세수, 목욕, 세탁, 화장실 등의 생활용수로 사용하고 있으며, 농업, 수산업, 공업 등 산업용수로 이용하고 있다. 또한 스포츠에 이용되는 등 휴양을 위한 매개체로서의 역할도 하고 있다. 그러나 산업이 발달하고 도시가 확대될수록, 인간의 생활이 윤택해 질수록 물의 사용량은 증가하며, 보다 많은 좋은 질의 물을 공급받기 위한 요구가 증대하고 있다.

　20세기 국제분쟁을 야기한 원인 중 많은 부분이 석유였다면 21세기는 물 분쟁의 시대가 될 것이라고 예상될 정도로 물을 둘러싼 갈등은 세계적인 문제가 되고 있다. 세계 800여 개의 하천이 2개국 또는 여러 나라에 걸쳐 있고 세계 인구의 40%가 인접국의 물에 의존하고 있는 가운데 유량통제를 둘러싸고 상·하류 국가간의 분쟁이 빈발하고 있다. 리우 지구정상회담이 채택한 '의제 21'에서는 수자원 보전의 심각성과 중요성에 대한 인식을 세계적으로 확대하고 수자원보전 노력을 촉구하고 있다.

그림 3-1 거창 위천 계곡

2. 수자원 현황

　지구상의 물 가운데 99%는 인간이 이용할 수 없으나 나머지 1%는 태양에너지에 의해 계속 순환한다. 지구상의 물 중 해수가 97.1%이고, 나머지 2.9%가 담수이다. 담수는 시베리아의 바이칼호와 미국의 수퍼리어호가 대부분을 차지하므로 인간이 이용하는 물은 담수의 극히 일부인 강물이며, 이것은 대기의 수분으로 채워진다. 우리나라는 물의 원천이 강수라는 사실을 일찍부터 인식하여 비에 대한 관측이 다른 나라보다 훨씬 빨리 시도되었다. 세계 최초로 1441년(세종 23년) 측우기(測雨器)를 만들어 비를 관측하였고, 수표(水標)를 세워 청계천과 한강의 수위를 관측하였다. 이와 같은 우량 및 수위관측은 유럽보다 약 2백년, 일본보다 약 280년 앞선 것이다.

　우리나라 연평균 강수량은 약 1,300mm로서 세계 평균인 970mm의 1.3배나 되지만, 산지의 경사가 급하여 물 저장용량이 적고 2/3가 여름철에 집중되어 흘러가 버리므로 강수량의 23%인 286억 톤만 이용되고 있다. 또한 지역간 강수량의 차이가 심하여 특정 지역의 물 부족 현상이나 가뭄이 나타나기도 한다.

가뭄은 오랫동안 비가 오지 않아 강수량이 극히 적은 상태를 말하며, 강수량에 차이가 없더라도 증발량이 많으면 물 공급이 줄어드는 현상도 의미한다. 비가 오지 않는 원인은 엘니뇨현상과 고온건조한 상태가 지속되기 때문이다. 엘니뇨현상은 열대 동태평양 지역인 페루와 에콰도르 인근의 바다에서 매년 12월쯤 북쪽에서 난류가 유입되어 해수면 온도가 높아지는 계절적인 현상이다. 고온건조 현상은 시베리아 바이칼에서 발달한 고기압에서 분리된 중국 내륙 고기압과 우리나라 북쪽 중심에 자리잡은 고기압이 자주 형성되어 생긴 현상이다. 기후변화에 따른 가뭄은 더욱 자주 발생하고, 급속한 산업화와 인구 증가, 도시화로 물 수요량은 증가할 수밖에 없는 실정이다.

지금까지 수자원은 주로 대규모 댐을 건설하여 공급해 왔으나 최근 들어 댐 적지의 감소 및 보상비의 급등, 지역 주민의 반발과 생태계의 파괴 등 사회환경적 문제로 대규

그림 3-2 강원 고성 도원리 계곡

모 지표수 개발은 한계점에 달했다. 그래서 소규모 기존 저수지의 재건축, 유역상태가 양호하고 아주 넓은 지역의 출구에 소규모 댐 설치 등으로 물을 확보하고 있지만, 근본적으로 숲이 물을 저장하는 능력을 확장하면 수자원 부족현상은 일시적 또는 부분적으로 발생할 것이다. 즉, 녹색댐인 숲이 물의 흐름과 양을 조절하는 능력을 잘 발휘하게 함으로써 장기적인 수자원을 확보하고, 깨끗한 지하수를 채워주는 역할을 할 수 있다.

3. 물의 순환과 숲

지구상의 물은 바다나 호수, 토양 표면에서 증발하거나 식물의 증산작용에 의해 대기권으로 올라가며, 대기온도가 낮아지면 수증기가 응결하여 비나 눈의 형태로 다시 지표면에 떨어진다. 땅위에 떨어진 물은 낮은 곳으로 모여 하천을 이루고 일부는 땅속으로 침투하여 지하수 또는 지중수가 된다. 지하수는 대수층(帶水層)에 머무르다가 관정에 의해 이용되며, 지중수는 토양공극에 저장되었다가 서서히 하천으로 흘러나온다. 물은 증발산, 강수, 유수(流水), 침투과정을 거치며 순환하고 지속적으로 이용된다.

물의 순환을 유지하는 중요한 인자는 태양에너지이다. 지구에 도달하는 태양에너지는 1일당 약 400cal/cm²로 추산되며 이 중 약 50%가 물을 증발시키는데 사용된다. 나머지 50%는 땅, 공기, 대양을 덥게 하여 대기 및 대양에 열을 주어 온난한 기후로 만들고 대양의 물을 증발시켜 육지로 이동시킨다(이천용 등, 1991).

숲에서는 낙엽이 떨어진 후 미생물과 생물이 유기물을 분해하여 좋은 흙을 만든다. 임목 뿌리는 양분을 흡수하여 나무가 생장하는데 필요한 물질을 공급하고 생장한 가지와 잎은 가을에 다시 낙엽으로 떨어지는 물질순환이 끊임없이 일어난다. 이 물질순환 과정에서 물은 필수적이다. 물은 토양→숲→대기로 증발산되고 강우→숲→토양→하천의 경로를 거쳐 유출된다. 여기서 숲은 강우를 저장함으로써 하천으로 유출되는 물의 속도와 양을 늦추어 비가 한꺼번에 많이 내리더라도 물은 급격히 늘지 않는 이른바 홍수완화 작용을 하며, 비가 오지 않을 때는 토양 속에 저장되었던 물이 흘러나와 하천에 일정한 수위를 유지시킨다.

그러나 나무를 베어 토양이 노출되면 물의 저장구조가 파괴되고, 알베도(albedo : 태양광선을 반사하는 정도)가 높아지며, 토양수분이 적어진다. 벌채지역은 산림지역에 비해 지표와 지중온도가 높고, 증발산량이 감소하므로 비가 적게 온다. 지구의 허파라 부르는 아마존강 유역의 열대우림을 벌채한 결과 강우량이 적어져 열대지방임에도 물 부족현상이 나타나 주민들에게 인위적으로 식수를 공급하는 사건이 생겼다.

비가 올 때 숲의 나뭇가지, 잎, 풀 등의 표면에 붙어 있던 물이 비가 그친 후 증발하여 없어지는 것을 차단이라 하는데, 그 양은 강수량이나 숲의 상태에 따라 차이가 있지만 활엽수림의 경우 총강수량의 20%, 침엽수림의 경우 30%가 차단된다. 침엽수가 많은 이유는 잎이 촘촘하여 물방울이 잘 걸리며 활엽수에 비해 엽량(葉量)이 많고 잎이 오래 붙어 있기 때문이며, 활엽수는 낙엽이 지거나 엽량이 적으며 잎에서 물방울이 쉽게 굴러 떨어지기 때문이다. 그러므로 비가 올 때 적어도 한 번에 10mm는 내려야 숲을 통과해서 땅위로 흐르거나 땅속으로 침투한다.

산림토양에는 토양입자 사이에 미세한 공극이 있고 뿌리와 동물의 활동에 의한 큰 공극이 섞여서 발달해 있으므로 빗물의 수직이동이 빠르다. 잘 가꾼 산림에서 빗물이 스며드는 양은 시간당 200mm 이상이어서 강우 시 산지사면을 흐르는 물이 거의 발생하지 않는다. 이에 반해 사람이 걸어 다녀 다져진 길은 10mm 정도이다. 산림토양의 물 침투능력은 민둥산보다 침투 속도가 약 3배나 많으나, 초지는 1.5배에 불과하여 숲을 섣불리 골프장 등으로 개발하면 많은 비가 올 때 땅속으로 침투하지 못하고 일시에 하류로 몰려 내려와 홍수 피해가 생긴다.

낙엽과 토양을 지나 서서히 빠져나가는 물을 숲의 저장량이라고 할 때 우량한 활엽수림은 불량한 잡목림보다 홍수기에 1일 28.4톤/ha을 더 머금고, 갈수기에는 1일 2.5톤/ha를 더 흘러나가게 한다. 활엽수림은 잎이 생장기에만 있어 증발산량에 의한 물소비가 적고, 잎이 잘 썩어서 토양 개량 능력이 침엽수림보다 커서 물의 저장 공간이 많기 때문이다. 한편 우리나라 숲의 물 최대저장량은 약 192억 톤(2010년 기준)이며 물값으로 환산하면 약 20조원이 된다(이천용, 1992).

수원함양기능이 높은 산림은 임목의 뿌리가 깊고 넓게 뻗어 있고 토양 내에 유기물 공급이 풍부하며, 다양한 생물의 활동이 왕성하여 토양 내에 물을 저장할 수 있는 빈 공간, 즉 공극이 많이 형성되어 있는 산림을 말하며, 숲의 수직적 구조가 여러 단계인 복층림(複層林) 등 숲이 울창하게 우거져 있고 생장이 왕성한 산림, 필요에 따라 강우의 지하 침투를 촉진하는 사방시설이 정비되어 있어 수자원 보전능력이 큰 산림을 가리킨다.

우리나라 산림의 물 저장가능량은 상당히 낮은데 그것은 산림의 32%가 30년생 이하여서 생장에 따른 물의 소비가 많고, 숲가꾸기가 미흡하여 수관차단량이 많으며, 물의 저장공간인 토양의 깊이가 낮기 때문이다. 산림의 수원함양기능은 유령림보다 장령림으로 갈수록 늘어난다. 수령이 증가하면 토양이 개선되어 물 저장량이 증가하는데 수령증가에 따른 저장량 및 증가율은 표 3-1과 같이 초기에는 상당히 빠르게 증가하다가 점차 완만해진다.

표 3-1 수령의 증가에 따른 물 저장량증가(단위 : 톤/ha)

수령	20	30	40	50	60	70
저장량	2,099	2,401	2,616	2,782	2,918	3,033
증가율(%)		14	9	6	5	4

(자료 : 森과 물의 science, 1989)

그림 3-3 함양 화림계곡

산림의 수원함양기능은 호우 시에 홍수유량을 경감시키는 '홍수조절기능'과 평상시 유량을 증가시켜 수자원 확보에 기여하는 '갈수완화기능'을 들 수 있다. 홍수기의 유출률을 보면 혼합림〉활엽수림〉침엽수림의 순으로서 혼합림은 토심이 얕아 물저장능력이 적은 반면, 침엽수림은 차단과 증산량에 의한 손실량이 많다. 갈수기의 유출률은 활엽수림〉혼합림〉침엽수림의 순으로서 활엽수림은 토심이 깊고 공극이 잘 발달되어 물 저장능력이 크다.

그러므로 물을 더 저장하려면 활엽수 식재가 좋으며 침엽수림은 솎아베기와 가지치기를 통하여 불필요한 증산을 억제하면 소비되지 않는 양만큼 물이 생산된다. 또한 과도한 증산에 따른 지하수위의 감소도 억제된다. 일본의 삼나무는 솎아 벤 후 증산량이 20% 감소하였고, 가지치기 후 20~50%가 감소하였다. 그러므로 숲을 지속적이고 적절하게 관리하여야 숲에 저장되는 물이 증가하여 그만큼 홍수로 전환되는 물의 양을 줄일 수 있을 것이다.

4. 수자원보호림 관리

수자원보호림은 하류지역에 물을 충분히 공급하기 위하여 상류지역에 법으로 지정한 숲이다. 그러나 보호림으로 지정되면 산림작업 시 여러 가지 제약이 따르기 때문에 산림소유자가 거의 관리를 하지 않는 경우가 많아서 수원함량에 역행하는 결과를 가져오기도 하고, 산림소유자로부터는 법정 제한림 지정으로 인해 발생되는 손실 보상을 원하는 민원이 제기되기도 한다.

현재 1종 수원함양보호림은 댐, 저수지 등의 만수위 지점에서 상류는 1km까지, 좌우는 능선을 경계로 지정하고 있으나 집수구역이라도 일정 범위를 벗어난 지역에서의 개발행위는 제한되고 있지 않으며, 모든 저수지의 주변 지역이 보호림으로 지정되지 않아 형평성을 잃었다는 지적도 있다. 한편, 수원함양보호림 상류의 개발행위로 토사가 저수지에 쌓이는 현상도 나타나는데, 이는 수원함양보호림에 대한 수원함양기능 평가 없이 저수지 주변의 일정 지역만을 지정했기 때문에 일어나는 문제로서 수자원 공급에 필요한 산림면적을 확보했는지를 먼저 조사해야 한다.

숲을 잘 가꾸면 구조적, 생태적으로 건전하게 되어 표토층은 공간이 많고 마치 스펀지와 같이 푹신한 유기물층으로 덮여 있기 때문에 빗물 저장에 유리하다. 따라서 수원

함양기능 증진을 목적으로 하는 산림작업은 수관(樹冠)과 숲바닥[Forest floor, 임상(林床)]의 증발산에 의한 물 손실량을 줄이고, 표토층을 보전하여 빗물이 빠르게 토양 속으로 침투하도록 개선하는 것이 중요하다.

가. 숲바닥 정리(지존작업)

숲바닥을 정리할 때는 유기물이나 표토가 유실되지 않도록 주의해야 한다. 산림의 유기물층과 표토층은 산림수자원 함양에 가장 핵심적인 부분이므로 숲 정비작업은 토양훼손을 막기 위해 소형 장비나 인력으로 실시한다. 30% 이상의 경사지에서는 기계를 이용하지 않으며, 10% 이상의 경사지 혹은 심한 침식성 토양에서는 등고선 방향으로 장비를 운행한다.

조림지는 등고선을 따라 정리하되 임도측구나 배수로 부근은 그대로 두고, 가지와 낙엽을 남기어 토양침식을 최소화한다. 토양침식 우려가 낮은 곳은 지피물을 최소 40% 남기고, 침식우려가 높은 곳은 60%를 남겨둔다.

나. 산림조성(조림)

조림사업은 그 지역의 기후와 토양 그리고 수분조건 등을 고려하여 적정한 수종을 선정하여 실시한다. 일반적으로 잣나무, 낙엽송, 소나무 등 침엽수종으로 조성한 산림은 가지나 잎이 빗물을 차단하여 공기 중으로 증발시키는 양과 토양에 저장된 물을 뿌리로 흡수하여 소비하는 양이 많기 때문에 수자원 함양에 있어서 활엽수림보다 불리하다.

활엽수 낙엽은 지표수에 의해 잘 유실되지 않으며, 침엽수 낙엽보다 잘 분해되기 때문에 토양이 좋다. 침엽수는 대개 상록이며 수관층이 두터워 임내가 어둡기 때문에 하층식생의 발달이 부진하므로 정리하지 않으면 토양의 이화학성이 나빠진다.

그러나 지하수위가 높고 토양 속에 물을 많이 함유하고 있는 산지계류 근처는 물 소비량이 많은 침엽수림으로 조성하는 것이 수자원을 함양하는데 유리할 수 있다. 병해충, 산불 등으로 전면 벌채를 한 지역이 아니라면 되도록 천연갱신을 하며 벌채예정지는 2헥타르 미만의 소면적 벌채 후 조림한다.

수원함양기능이 높은 숲을 만들기 위해서는 나무의 뿌리가 여러 층을 이루도록 참나무류, 소나무, 음나무, 물푸레나무, 황벽나무 등의 심근성(深根性) 수종과 가문비나무, 편백, 자작나무, 피나무, 서어나무 등의 천근성(淺根性) 수종을 함께 유지한다. 식재본수는 활엽수 장기수의 경우 ha당 5,000본을 기준으로 한다.

다. 복층림 조성

복층림이란 수관층(樹冠層)이 하나로 형성되어 있는 장령림 이상의 산림에서 임목 일부를 벌채하고 식재하여 수관층이 2개 이상 형성된 산림을 말한다. 숲의 상층 아래 공간에는 전나무, 편백 등 음지에서 잘 자라는 수종을 식재한다. 복층림 조성을 위한 벌채 방법은 택벌이나 소면적의 원형이나 띠형으로 하고, 토양이 파괴되거나 유실되지 않게 작업한다. 복층림으로 숲을 만들면 단층림에 비하여 단위면적당 낙엽 및 뿌리의 양이 많아지며 토양공극이 발달하여 물 저장량이 증가한다.

라. 숲가꾸기

상류 유역에 수십 년생 나무가 가득 차 있으면 가지나 잎에 붙은 빗물이 쉽게 증발하고 뿌리에서 흡수한 물은 잎의 기공을 통해 증산한다. 이용가능한 수자원은 전적으로 강수량에 달려있지만 이용할 수 있는 수자원량을 늘리기 위해서는 숲을 가꾸어 증

그림 3-4 상층은 참나무류, 하층은 전나무의 복층림 조성

발산량을 줄여야 한다. 목재생산을 위해 조림한 침엽수림 면적은 130만ha에 이르고 있으나 15년생 이후에 솎아베기와 가지치기를 실시하지 않으면 증발산에 의한 수자원 손실량은 60% 이상 증가한다. 산림의 증발산량은 임목을 벌채하거나 솎아베기 그리고 가지치기를 통해서 줄일 수 있지만 모두베기와 같이 전면적으로 벌채할 경우 지표면을 통해 유출이 일시에 발생하여 표토가 유실된다. 따라서 지속가능한 수자원 확보를 위해서는 토양유실이 발생하지 않는 범위에서 숲가꾸기를 실시한다.

1) 솎아베기[간벌]

침엽수림은 조림 후 약 20년이 경과하면 상층이 울폐되어 햇빛이 숲바닥에 도달하지 못하므로 하층의 어린 나무들이 자라지 못한다. 숲이 지나치게 우거지면 나무에 의한 수관차단손실량과 증산량이 많아져 가용 수자원이 줄어들 뿐만 아니라, 생태적으로도 불량한 숲으로 된다. 솎아베기는 상층을 적당히 소개하여 햇빛 투과량을 늘림으로써 하층의 어린 나무가 자라고 낙엽낙지에 의한 유기물 공급은 물론 분해를 촉진하여 표층토 형성을 도와준다.

솎아베기는 상층의 수관울폐도(Crown coverage)를 50~80% 수준으로 유지한다. 숲이 과밀하면 임목본수 기준으로 60% 내에서 실행한다. 갑자기 많은 나무를 제거하면 임내에 자생수종보다 덩굴류와 대형 초본류가 일시적으로 무성하여 수원함양 기능이 저하되기 때문에 과도하게 울폐된 숲은 서서히 솎아베어 잠재식생에 의한 안정적인 하층식생 유입과 발달을 도모한다.

솎아베기를 시행하지 않아 울폐된 침엽수림과 홍수위의 계곡양안 지역 및 호소, 저수지 등 수변 지역은 만수위와 하천의 홍수위로부터 30m 이내 숲은 건강한 숲이 될 때까지 약도(弱度)의 솎아베기를 5~10년 내외의 간격으로 여러 번 실시하여 산림토양을 보전하고, 산림의 수원함양기능을 증진하여야 한다. 상층 울폐도는 산지 비탈면의 경사가 급할수록 울폐도가 높지만 일반적으로 60~70%를 유지한다.

2) 가지치기

가지치기는 옹이가 없는 우량 완만재의 생산을 목적으로 실시하는 것으로서 임목의 죽은 가지, 큰 가지 이하의 생가지를 제거하여 임목의 생육을 촉진시키고 태양광선이 지표까지 투과하도록 하는 것이다.

수원함양기능을 높이려면 빗물 손실량과 증산량을 줄이고 햇빛량을 늘이기 위해 수고의 60%까지 가지를 자르는 강도의 가지치기를 솎아베기 할 때마다 병행하여 실시한다. 가지치기는 가지에 의해 차단되는 빗물의 양을 줄여 쓸 수 있는 수자원을 늘리는 역할을 한다.

하천·계곡의 홍수위, 호소(湖沼)의 만수위 수계로부터 100m 이내 지역 또는 집수유역 안의 산림에서 덩굴을 제거할 때에는 수질이 오염되지 않도록 약제를 사용하지 않고 인력으로 제거하며, 기타 지역은 농약 피해가 발생하지 않도록 소면적으로 제거한다.

마. 벌채

벌채는 벌목작업과 목재를 모으고 운반할 때 기계나 답압에 의해 표토를 교란하여 빗물의 침투량을 감소시킨다. 표토층의 침투량이 감소하면 적은 비에도 지표유출이 발생하여 표토층이 유실되므로 숲의 물 저장능력이 줄어든다. 대면적 모두베기(개벌)는 수관이 일시에 제거되므로 빗방울이 숲바닥에 직접 닿아 토양침식을 유발한다. 그러므로 2ha 미만의 소면적베기, 골라베기 또는 복층림 조성 벌채를 실시하며, 벌채목 운반 시에는 표토층 훼손을 최소화한다.

바. 숲정리 산물 처리

숲바닥 정리, 솎아베기 및 벌채작업에서 발생된 나무를 수집하거나 운반할 경우에는 숲바닥과 표토층이 교란되지 않도록 인력으로 하며, 또한 수라나 가선집재로 저목장까지 운반하고, 하층목이 손상되지 않도록 주의한다. 특히 하천의 홍수위, 호소의 만수위 등 수계로부터 150m 이내 지역 또는 상류유역은 산림토양을 훼손시킬 수 있는 목재운반로 개설이나 중장비의 임내 작업을 금지하여야 한다.

또한 호소 등 수변 지역의 만수위와 하천의 홍수위로부터 30m 이내 지역이나 도로, 임도, 농경지, 택지로부터 30m 이내 지역에서 발생하는 산물은 최대한 수집하여 활용하거나 수해, 산불 등 산림재해로부터 안전한 구역으로 이동한다. 산지경사가 급하여 강우 시 표토층이 유실될 우려가 있는 지역은 벌채 후 생산된 산물을 잘 정리하여 그루터기 뒤에 등고선 방향으로 배치한다.

한편 산림유역의 위치별 일반적인 숲가꾸기 방법은 표 3-2와 같다.

표 3-2 수자원함양 증진을 위한 유역 위치별 숲가꾸기 방법

• 산림유역 구분

구분	구역의 특성
상부구역	• 산정과 산복을 포함한 집수구역으로 산림유역 내에서 가장 넓은 구역으로 토심이 얕고 물이 빠른 속도로 이동 • 토양의 물 저류기능을 높이기 위한 숲가꾸기가 중요한 지역
계안구역	• 계류의 형태와 인접비탈면의 경사에 따라 결정되며 최소 폭은 홍수위, 만수위로부터 30m • 강우 시 표면이 쉽게 포화되는 산록부와 하천기슭을, 상부구역의 물이 항상 모여있는 곳 • 상부사면에서 산림작업 등으로 인한 유출토사를 차단하고, 유출수가 계류에 도달하기 전에 오염물질을 감소시킴 • 산림수자원의 양과 수질 관리에 가장 중요한 지역으로 영양물질 및 토사의 이동이 용이해 화학성 물질 및 산림작업 규제 필요
계류구역	• 물이 이동하는 구역으로 상수원과 저수지에 물을 공급하는 원천 - 어류, 야생동물, 휴양 등을 위해 중요 • 유수에 의해 계류바닥의 침식이 지속적으로 발생하는 구역으로 유속조절, 토사유출 저지 필요

• 산림유역별 숲가꾸기 방법

구분	구역의 특성
상부구역	• 능선부는 폭 20m 또는 평균수고 폭 만큼 존치 • 경사가 급한 산복지역은 벌채목 그루터기 높이를 30~50cm로 하고, 소경목과 지조물을 등고선 방향으로 걸쳐 표토 유실에 의한 침식 방지 • 침엽수림은 상층 울폐도가 50~80% 이내에 유지되도록 솎아베기 실시하며 하층 식생의 유입 및 발생 촉진
계안구역	• 토양 침식 방지를 위해 중장비 활용 제한 인력, 중력, 가선 집재 • 솎아베기 산물은 최대한 수집, 반출하되 임지에 지조물과 낙엽더미를 잔존시켜 벌채적지의 침식 최소화 - 토양의 기본 침식률이 낮은 경우 잔존 지피물량은 최소 40%, 중간인 경우 50%, 높은 경우 60%의 지피물 존치 • 살충제, 비료 등의 사용을 가급적 제한하며, 벌채작업 시 계류 내에 지조물 유입 방지
계류구역	• 유속이 0.6m/초 이상인 계류는 계류안정을 위한 계류보전사업 등 사방사업 실시 - 계류 내 전석쌓기로 수서생물의 서식지를 제공하고, 어도 설치로 회귀성 어류의 이동통로 제공

(자료 : 공익기능 증진을 위한 숲가꾸기 사업 매뉴얼, 산림청, 2013)

그림 3-5 울진 금강소나무숲의 소규모 벌채 후 산물 정리

그림 3-6 화순 동복천 둔동마을앞 수질보호림

The value of forest

제4장 수질 보호

1. 수질오염의 심각성

21세기 인류가 직면한 가장 큰 문제 중 하나는 담수(淡水·맑은 물) 부족이다. 최근 유엔은 "전 세계의 담수 소비량이 현재 추세를 유지한다면 2025년에는 심각한 물 부족 사태를 경험하게 될 것"이라고 경고했다. 현재 세계 인구가 78억 명에 이르고 앞으로 기하급수적으로 증가할 것으로 예상되지만, 필요한 담수량은 크게 증가하지 않기 때문이다.

특히 아프리카의 많은 어린이들은 수질오염으로 인한 병으로 사망함으로써 세계는 깨끗한 물공급을 최우선 과제로 삼고 있다. 지구온난화와 함께 물의 양적인 문제와 함께 질적인 문제가 가장 뜨거운 이슈로 대두된 것이다. 따라서 수질오염의 원인을 규명하고, 오염물질을 제거하는 것이 삶의 질 향상과 생명을 지키는 기본이다.

수질오염은 가정에서 쓰고 버리는 생활하수, 산업활동에 의한 산업 폐수, 농촌의 농축산 폐수 등이 하천이나 호수에 유입되어 물을 오염시켜 수질이 나빠지는 것을 의미한다.

우리나라는 1960년대 이후 급속한 산업화에 따라 산업현장에서 많은 양의 폐수가 흘러 나왔을 뿐만 아니라 중금속 등의 유

그림 4-1 아프리카 잠비아 농촌의 우물

독물질이 물속에 흘러들어 수질이 악화되었다. 또 농지에 살포한 농약과 비료가 물에 섞여 나오고, 소·돼지 등의 가축을 기르는 곳에서는 배설물에 의한 오염이 발생하고 있다. 이러한 오염원은 결국 하천을 오염시키고 강을 더럽히며, 나아가서는 바닷물을 오염시킨다.

또한 폭염이 지속되어 생긴 녹조류는 상수원을 크게 오염시키고, 그 안에 들어있는 '지오스민(geosmin, 미생물이 자라면서 배출한 물질)' 때문에 수돗물에서 악취가 나고 국민의 건강을 위협하고 있다. 수돗물 유해 시비가 끊이지 않고 있는 가운데 땅 깊숙한 곳에서 채취된 지하수나 약수도 오염됐다는 소식도 물에 대한 불안을 가중시키고 있다. 가장 깨끗해야 할 지하수의 양적인 고갈 문제와 수질오염이 대두되고 있는 것이다. 온천이나 농업용수 개발을 위해서 마구잡이로 물을 퍼 올려 쓰고, 먹는 샘물의 대규모 개발, 방치된 폐공은 지하수의 오염 원인이 되고 있다.

수질은 물리적, 화학적 그리고 생물학적 성분의 작용으로 결정되며, 대부분의 성분은 자연상태에서 균형을 이루고 있다. 이 균형은 재해나 인간의 활동으로 깨어지는데, 예를 들면 산불이나 산림벌채는 물속의 부유물질 농도를 급격히 증가시켜 수질이 악화된다. 즉, 수질오염이란 전형적인 인간 행위에 의해 발생된 수질 악화를 말하나, 폭우나 화산 폭발과 같은 자연적인 현상에 의하여 발생할 수도 있다.

가. 수질오염원

수질에 영향을 미치는 오염원은 생활계, 축산계, 산업계, 토지계, 양식계, 매립계 등 6개 그룹으로 분류된다. 물을 오염시키는 것은 주로 공장에서 나오는 산업 폐수라고 생각하지만, 실제로는 가정에서 버리는 생활하수가 가장 큰 문제이다. 생활하수는 사람이 생활하면서 발생시키는 생활잡수와 분뇨로 구분하며, 분뇨 배출량은 1인당 1일 평균 1.2톤이며, 10분의 1이 고형분이다.

우리나라에서는 하루 19,724천 톤의 오폐수가 발생하고 있는데, 생활하수가 15,463천 톤/일(78%)로 가장 많고, 산업 폐수는 4,068천 톤/일(21%), 축산 폐수는 193천 톤/일(1%)가 발생되고 있다. 생활하수는 부엌(36%), 화장실(30%), 목욕탕(23%), 세탁(11%)의 비율로 발생된다. 오폐수 BOD부하량(오폐수 중에 포함된 순수한 오염물질의 무게)은 하루 6,696톤에 이르며, 생활하수 부하량은 3,516톤/

일(53%), 산업 폐수 부하량은 2,629(39%), 축산 폐수는 551톤/일(8%)을 차지하고 있다(환경부, 2022).

수질환경보전법에서 오염원[오염물질을 발생시키는 근원]을 크게 점오염원[특정오염원, Point Source], 비점오염원[일반오염원, Non-Point Source], 기타 수질오염원으로 분류하고 있는데, 법 제2조에서 점오염원이란 '공장, 건축물, 축사 등과 같이 일정한 지점으로 오염물질을 배출하는 시설'을 말하고, 비점오염원이란 '도시, 도로, 농지, 산지, 공사장 등과 같이 불특정한 장소에서 불특정하게 수질오염물질을 배출하는 오염원'이라고 정의하고 있다.

점오염원은 일정한 곳에서 배출되기 때문에 한곳에 모아 하수처리장, 폐수처리시설, 축산폐수처리장에서 처리해서 내보낼 수 있다. 그러나 공장 안에 쌓아놓은 원료와 쓰레기는 비가 내릴 때 오염물질이 빗물에 섞여 하천으로 유입되면 오염물질이 배출되는 경로가 불분명하므로 비점오염원이 된다. 이러한 오염은 주로 비가 올 때 빗물과 함께 배출되기 때문에 빗물오염이라고도 한다. 빗물오염원은 한곳에 모아 처리할 수 없고, 직접 하천으로 흘러가므로 통제하기가 어렵다.

도시에서는 비가 올 때 함께 흘러가는 생활폐수, 동물 배설물, 화단에 쓰는 농약, 산업 폐수 등이, 농촌에서는 토양, 동물의 배설물, 비료, 살균제, 제초제 등이, 산림과 방목지에서는 낙엽 유기물과 부유 퇴적물이 발생하여 수질오염원이 되고 있으며, 때로는 살균제와 제초제를 사용함으로써 독성물질이 유출된다.

나. 상수원의 오염원인

19세기 후반 산업혁명 후 무분별한 대규모 산림개발과 인간의 간섭으로 상수원마저 오염되었다. 상수원이 오염되는 원인은 다음과 같이 3가지로 요약할 수 있다.

첫째, 상수원 영향권 내 오염 발생원의 증가이다. 주요 상수원 인접지역에 공장, 축산시설, 음식점 등 오염물질 배출시설이 산재해 있고 소득수준이 향상됨에 따라 놀이인파와 골프장, 숙박시설 등의 증가는 수질오염을 가속화한다.

둘째, 오염물질의 부적절한 처리이다. 우리나라 오폐수 발생량은 일 약 2,000만 톤으로 가장 많은 생활하수는 연평균 2~3%씩 증가하고, 공장별로 개별 처리하여 하천으로 직접 내보내는 산업폐수량도 증가하고 있다. 오염원이 강으로 들어와도 제재하는 수단이 미흡하므로 수질오염은 증가하고 있다.

셋째, 상수원 보호구역 지정 면적이 너무 적다. 오염원을 감소하려면 강이나 저수지 상류 지역에 상수원 보호구역을 충분히 지정해야 하지만 현실은 그렇지 못하다. 그 이유는 상수원 보호구역으로 지정되면 땅값이 떨어져서 주민의 재산권 침해문제가 생기므로 필요한 면적보다 훨씬 적게 지정된다. 더욱이 보호구역은 전국 댐이나 강 상류에 골고루 지정되어야 하지만, 경기도가 전체 면적의 1/3 이상을 차지하고 있다. 주요 상수원인 전국 6개 다목적 댐 중 충주댐, 대청댐, 남강댐의 상류는 부분적으로 보호구역이 지정되어 있으나, 소양댐, 안동댐, 섬진강댐에는 호수 내에 취수시설이 없기 때문에 아직까지 보호구역이 없다. 특히 상류지역에 산림면적이 많을수록 오염원 배출도 없고, 오염물질을 흡수하는 효과가 크지만 현재 취수장 상류의 산림 보호구역은 약 6만ha가 지정되어 있다. 적어도 80만ha는 지정되어야 한다고 보고 있다.

다. 일반적인 수질오염 예방

근대 산업혁명 시기부터 계속 이어져온 물에 대한 무관심은 오염의 심각성과 오염에 의한 피해가 인간 생존에 위협을 주면서 수질오염의 중요성을 인식하였다. 그러나 아직 물의 소중함을 깨닫지 못한 사람들로 인하여 소중한 자원인 하천과 바다 그리고 지하수까지 오염되고 있다. 생명의 원천인 물을 깨끗이 유지하고 관리하는 방법은 무엇일까? 그것은 국민 모두가 수질오염원을 최소화하는데 노력하고, 정부는 국민계몽과 수질보전 대책을 수립하여 지속적인 예방 대책을 추진하는 것이다.

수질오염의 70% 정도가 생활하수와 쓰레기에 의한 것이므로 가정, 학교, 음식점, 호텔 등의 세탁장, 화장실, 조리실 등에서 나오는 폐수(유기물, 세제 화공약품)의 정수처리(여과, 침전), 쓰레기 양 줄이기와 제대로 버리기를 철저히 시행해야 한다. 특히 가정에서는 합성세제 줄이기, 물 아껴쓰기 등이 선행되어야 한다. 전국의 산업장 및 병원, 연구기관에서는 자체적으로 폐수 정화시설을 반드시 설치하고, 오염물질(유기물, 약품, 약병, 중금속류 등)을 하수로 무단방류하지 않아야 한다. 농축산 사육장, 골프장, 농축산물 가공업소 등은 분뇨, 소독 살균제, 약품 등의 폐수를 제대로 처리해야 한다. 학교, 아파트의 음용수, 생활용수로 사용하는 물탱크는 수시로 적정 시기에 깨끗이 청소하고 상·하수도를 청결하게 유지·관리하여 수질오염 예방을 실천해야 한다.

2. 숲의 수질정화 기능

마음 놓고 마실 수 있는 물이 적다는 사실은 수질이 좋은 물 생산에 많은 비용을 지불해야 한다는 뜻이다. 그러므로 산림의 자연적 정화기능에 의한 깨끗한 물 공급의 확대가 필요하다. 깨끗한 수돗물을 공급하는 곳을 상수원이라고 할 때 상수는 상류의 물이라는 뜻이며, 인공적인 오염물질이 섞여있지 않은 상류의 자연수이다. 즉, 상수원은 상류유역의 숲에서 흘러나온 물이다. 대기 중의 더러운 물질을 포함한 비나 눈은 숲에 떨어질 때 산림토양을 거치면서 깨끗해진다. 산림유역(forest watershed)에서 흘러나오는 물이 호수나 강으로 유입되면 기존의 오염된 물을 크게 희석한다. 따라서 산림에서 지속적이고 많은 양의 물은 수질오염을 경감한다.

숲의 수질정화기능은 비나 눈이 산림생태계를 통과할 때 그속에 포함된 오염물질의 농도를 낮추는 것이다. 숲은 질소나 인과 같은 물질의 농도를 낮추고 산성비의 산도(pH)를 중성으로 하는 기능을 가지고 있으며, 이 역할의 대부분은 산림토양이 담당한다. 산림토양에 있는 점토나 유기물은 물리화학적인 반응을 일으키는데, 특히 유기물은 토양동물이 분쇄하고 토양미생물이 분해한다. 토양미생물은 유기질소와 암모니아성 질소의 분해, 질산균에 의한 질산성질소의 산화작용으로 대기오염물질인 질소산화물을 분해하는 역할을 한다.

수질을 좌우하는 인자는 생물학적산소요구량(BOD), 산도(pH), 대장균의 수, 용존산소량, 전기전도도, 수온, 양이온과 중금속 함량 등이다. 미국의 큰 강에서는 침식에 의한 침전물의 농도, 즉 혼탁도가 가장 중요한 인자이지만, 국내에서는 산지의 식생피복률이 높기 때문에 대규모 침식이 발생하지 않아 홍수 때만 계곡물이 일시적으로 혼탁할 정도이다.

산림 내 계곡물은 인위적인 영향이 없으면 수질이 보전되어 하류에 맑은 물을 공급한다. 그러나 산림 휴양의 확대, 도로망의 확장, 도시화 등 산림지역의 개발과 이용으로 산림의 수질보전 기능이 저하되고 있으며 산성비와 지구온난화 등의 지구환경 변화도 수질을 악화시키고 있다. 유럽에서는 산성비에 의한 호수의 산성화가 큰 문제이지만 우리나라에서는 아직 정확히 규명된 바 없다. 그러나 산성비가 계속 내리고 있으므로 수질 변화에 유의를 해야 한다. 산림토양은 완충능력이 커서 산성비가 내리더라도 곧바로 계류의 수질에 영향을 주지 않으나 계속 산성물질이 토양에 쌓이면 완충능력이 저하된다.

토양이 산성화되면 칼슘 등이 용탈되고, pH 4.5 이하가 되면 인체에 해로운 알루미늄이 용출되기 시작하며, pH 4.0이 되면 100ppm 이상이 용출된다. 또한 산성비에는 질산 등 질소화합물의 농도가 높아 수질 저하의 요인이 된다. 지구온난화는 온도의 상승으로 인하여 토양 내 축적된 유기물의 분해를 촉진시키므로, 식물이 흡수 이용할 수 없는 양분은 용탈되어 안정된 산림생태계의 물질수지의 균형이 깨져서 수질이 점차 나빠진다.

유역의 모암, 형상, 경사, 식생, 토심 등은 수질에 영향을 미치는 중요한 요인으로서 이에 따라 지역마다 수질이 다르게 나타났다. 표 4-1은 전국 산림 내 계류의 수질을 계절별로 측정한 값을 평균한 것으로 pH는 6.4~8.0의 범위에 있으나, 석회암 지역은 알칼리성을 보이고 있으며 그 외 지역은 중성이었다.

표 4-1 산림 계류의 모암별 수질 특성

모암	pH	용존산소 (mg/ℓ)	EC (μs/cm)	수온 (℃)	양이온(mg/ℓ)				음이온(mg/ℓ)	
					Ca	Mg	K	Na	NO^3	SO^4
화성암	7.0	9.4	63.6	13.6	0.64	0.26	0.59	3.11	2.056	4.365
퇴적암	7.2	8.5	106.7	13.5	1.89	0.75	1.28	3.35	5.403	5.579
변성암	6.7	10.2	37.8	11.2	0.61	0.26	0.31	0.81	2.552	3.813

(자료 : 이천용, 1994)

pH의 급속한 변화는 수생생물에 큰 영향을 미친다. 산성(pH 5)이나 알칼리성(pH 9) 상태에서는 생물의 번식이나 생장이 어렵고, 특히 수생생물은 pH가 낮은 물에 계속 노출되면 삼투작용의 불균형으로 생육이 곤란해진다. 오염에 의한 산성물질이 증가하면 축적된 독성 화학물질의 용해성을 증가시켜 오염문제를 더욱 악화시킬 수 있다.

산림유역의 모암별 계곡물의 pH와 전기전도도는 퇴적암이 가장 높고, 양이온과 음이온도 퇴적암에서 가장 높게 나타났다. 이것은 퇴적암 토양에 들어 있는 양이온이 화성암 토양보다 3~10배 정도 더 많기 때문이다.

평균용존산소는 9.2mg/ℓ로서 포화상태를 나타내어 어류생태계 유지기준인 7.5mg/ℓ를 초과하였다. 전기전도도는 염류농도를 간접적으로 나타내는 인자로서 물속에 있는 이온의 양과 활동속도에 따라 달라지고, 유역의 강수량, 장소, 시간에 따라 그 값이 달라진다. 유량이 적거나 퇴적암을 모재로 한 지역이 비교적 높고, 유량이 많은 지역이 낮게 나타났다.

Ca, Mg, Na와 같은 양이온은 식물체에서 이동하기 어려운 성분이지만, Mg, Ca, K는 암석에서 용탈되는 원소이므로 지질의 영향을 크게 받는다. Na는 해안에 가까운 계류에 많았으며, 음이온 중 NO_3^-는 식물에 쉽게 흡수 이용되므로 계곡물에는 적은 양만 함유되어 있으나, 삼척과 같이 상류의 복류수(伏流水)가 있는 곳은 상당히 높았다. 전체적으로 조사지역의 산림 내 계곡물 대부분은 이온 함량이 적었는데 이것은 산림이 안정되어 풍화나 침식이 없다는 것을 나타낸다.

한편 도시지역과 산악지역 계곡물의 음이온 농도를 비교한 결과, NO_3^-는 두 지역 간에 큰 차가 없었으나 SO_4^{2-}는 도시지역(6.3mg/ℓ)이 산악지역보다 56% 많았는데, 이것은 도시의 대기오염의 영향을 받았기 때문이다(표 4-2). 산악지의 산림유역이라도 오리나무 등과 같은 질소고정식물이 많으면 계류 내 질소농도가 증가한다고 한다.

표 4-2 지역별 음이온 평균 농도 (단위: mg/ℓ)

구 분	NO_3	SO_4	비 고
도시 주변 산림	3.62	6.31	원주, 삼척, 청주, 전주, 경주
산악 지역 산림	3.11	4.02	양구, 동두천 등

(자료 : 이천용, 1994)

산지 계류의 평균수온은 10.3~15.9℃로서 남부지방과 북부지방간에 차이가 있었으며, 여름의 최고 수온도 24.2℃에 불과하여 어류의 생존한계인 27℃를 넘지 않고 있다. 계류 수온은 직접적으로 햇빛의 영향을 크게 받는다. 햇빛을 차단하는 물가의 나무를 벌채하면 수온이 상승함으로써 어류 서식에 적합한 수온보다 3~5℃ 올라가면 수서생태계에 심각한 위협이 될 수 있다. 그러나 계곡 주변에 숲이 있으면 계곡에 그늘을 주어 수온 상승을 억제하는 효과가 있으므로, 차가운 물에 사는 어류의 생존에 크게 도움이 된다. 미국에서는 담수어 관리를 산림청에서 하고 있는데, 그것은 수서생태계 보전 차원에서 숲의 보전과 관리가 중요한 역할을 담당하고 있음을 입증한다. 휴렛(1982)은 산림을 벌채하면 수온이 증가하여 담수어의 생존에 큰 영향을 미친다고

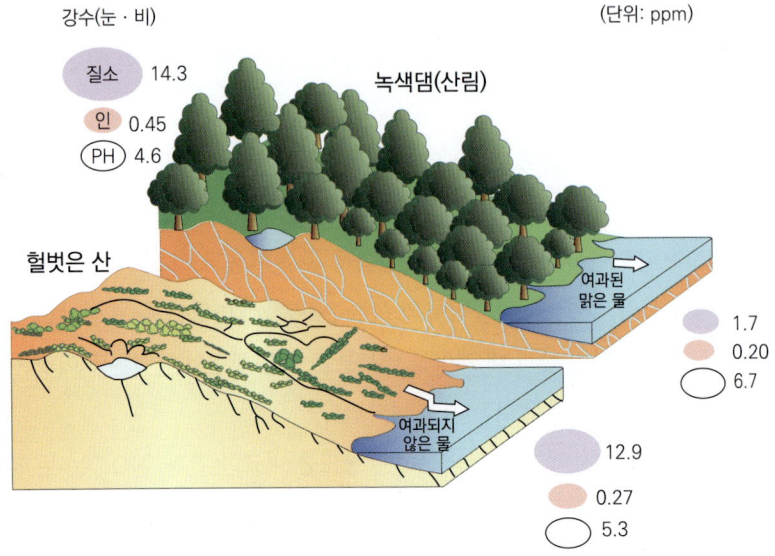

그림 4-2 산림의 수질정화기능(자료 : 국립산림과학원)

하였다. 냉수어종(cold-water fish)인 송어의 최적 온도를 18℃라고 하면 계류수온의 적당한 온도 유지는 필수적이다.

그림 4-3에서 보면 산림유역 계류의 1월 평균 수온은 한낮을 제외하고 기온이나 벌채지의 수온보다 높으며, 7월에는 벌채지의 수온이 벌채하지 않은 곳보다 야간에는 2~3℃, 주간에는 7~8℃가 더 높아 수온이 27℃까지 상승하므로 어류생태계의 생존을 위협한다. 벌채 후 수온은 대개 6년간 증가한다. 그러므로 높고 완전한 수관(tree canopy)은 직접적으로 계곡에 그늘을 만들고, 간접적으로 수온상승을 억제하므로 계류수온 유지에 필수적이다(이천용 등, 1991).

수질을 양호하게 유지하게 위해서는 산림토양의 오염완충능력이 커야 하고, 산이 나무와 풀로 피복되어 침식이 생기지 않아서 침전물이나 부유물이 없어야 한다. 부유 침전물은 수서생물의 광합성에 필요한 광선을 충분히 받지 못하게 하므로 생장을 저해하는 요인이 된다. 물속에 녹아있는 특정 성분도 수질에 중요하다. 영월과 같이 석회암지역을 흐르는 물에는 칼슘이 많아 다른 지역에 비해 중성을 유지하고 있으며, 다른 미량원소도 많아 어류 등 수서생물의 밀도를 안정적으로 유지할 수 있다.

울창한 산림은 물을 저장함과 동시에 연중 깨끗한 물을 지속적으로 공급한다. 산림은 수목의 가지와 잎을 통해 평시에 대기 중의 오염물질을 흡착하며, 흡착된 건성집적

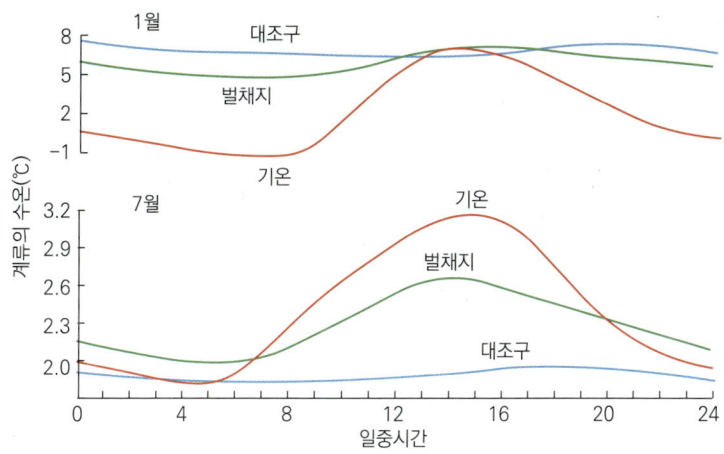

그림 4-3 미국 조지아 피드몬트 지역에서의 산림벌채 후 계류의 일수온 변화
(대조구: 산림에 의하여 그늘짐, 일부 벌채지: 직사광선에 하천의 일부 노출)

물은 비가 오면 물에 녹아 임지에 도달한다. 임지에 도달한 강우는 잘 발달된 산림토양을 통과하는 동안 작은 공극에서 이온 치환, 흡착, 희석 등의 과정을 거치면서 토양 깊숙이 이동한다. 수목의 뿌리나 지렁이와 같은 소동물이 만든 통로는 토양에 유입된 빗물을 신속하게 지하로 이동시키며, 이때 생긴 지중수는 비가 그친 후에도 정화된 물을 지속적으로 공급하는 역할을 한다.

산림토양은 낙엽 및 낙지(dead branch)에 의해 형성된 스펀지와 같은 유기물층으로 덮여 있어서 높은 침투능을 가지고 있기 때문에 빗물이 빠른 속도로 흡수되어 높은 강우강도의 비가 내려도 지표면에서 거의 유출이 발생하지 않는다. 유기물층 아래는 유기물과 토양 입자가 잘 결합되어 물을 저장하여 정화할 수 있는 작은 공간들이 많은 A층이 있다. 토양에 살고 있는 미생물과 소동물이 물질순환을 촉진하여 토양을 건전하게 하고, 이들 자체가 물리적인 정화작용을 하며 토양생태계에 살고 있는 생물이 물을 깨끗하게 한다. 따라서 산림을 통과하는 계류수질은 보통 1급수에 속한다.

산림을 모두베기한 지역의 계곡물은 유기 및 무기 부유물질, 각종 이온, 수온, BOD 등이 급격히 증가하며, 그 정도는 강우량이 많을수록 높아진다. 특히 물을 한 곳에 모이게 하는 유역의 토양과 식생조건에 따라 수질이 달라진다. 예를 들면, 물가에 오리나무류를 많이 심은 곳은 뿌리에 질소를 고정하는 균이 많아서 질소가 많아지고, 낙엽 속에도 질소농도가 높아 계류 내 질소농도가 높아진다. 일반적으로 숲속을 흐르는 계류에는 부영양화를 일으키는 질소나 인은 나무가 대부분 흡수하므로 거의 없으며, 산림 내에 도로나 광산이 없으면 계곡으로 나온 일종의 지중수인 계류의 수질은 거의 안전하다.

독일 막스프랑크연구소는 토양 내 생명공간에 대한 연구 결과 지하수가 나오는 모래나 잔자갈의 틈에는 작은 새우 종류의 생물이 가득하고 물속에는 세균이나 균류 그리고 단세포생물들이 무수히 살고 있음을 발견하였다. 이들은 유기물을 섭취하여 자기들이 필요한 양분으로 바꿈으로써 물속에 있는 유기물을 제거하여 물을 깨끗하게 하는 역할을 한다. 깨끗하게 보이는 물이라 하더라도 1리터의 물속에는 약 3억 마리 이상의 세균이 살고 있는데, 유기물이 많은 생활용수가 추가되면 미생물의 수는 곧 3배로 늘어난다. 이와 함께 미생물의 유기물제거도 활발해질 것이나 일정 한계 이상의 오염물질이 첨가되면 오히려 미생물이 죽어서 생물학적 자정작용은 더 이상 계속되지 않는다(펠릭스 파트리, 1994).

3. 산림유역 관리

가. 위치에 의한 산림유역 구분

산림유역은 위치에 따라 물이 흐르는 형태가 다르므로 수질관리를 위한 관리구역을 상류구역, 계안(溪岸: 계곡 주변, riparian area)구역, 계류구역으로 구분한다.

상류구역은 산림유역 내에서 가장 넓은 지역으로서 계안구역을 경계로 집수유역 내의 상류 산림을 모두 포함한다. 계안구역은 산록과 하천기슭을 포함하며, 상류구역에서 이동해온 물이 항상 모여 있는 곳으로 비가 오면 쉽게 포화되는 구역이다. 계류구역은 물이 이동하는 구역으로서 계류, 하천, 연못 및 호수 등을 포함하며, 상수원과 저수지에 물을 공급하는 중요한 원천으로 어류 및 야생동물의 서식과 휴양 등을 위해 중요하다(임신재 등, 2012).

나. 위치별 관리

1) 상류구역

상류구역은 산정과 산복을 포함하며 상대적으로 토심이 얕고 물이 빠른 속도로 계류로 이동하므로, 상류구역 내 토양의 물 저장 기능을 높이기 위한 숲가꾸기가 중요하다. 벌채 또한 나무를 전부 베는 것은 피하고 솎아베기를 하든지 아니면 전체 유역의 10% 이내만 벌채한다.

2) 계안구역

계안구역은 비탈면 상류에서 산림작업에 따라 발생하는 퇴적물과 양분이 인접한 계류에 유입되는 것을 막고, 계류수의 온도 변화를 줄이며 수온이나 햇볕이 수중생물에게 나쁜 영향을 주지 않도록 계류에 그늘을 제공할 수 있을 만큼 충분한 면적의 숲이 유지되어야 한다. 그 폭은 경사와 토양형, 강우량, 임관, 계류의 특성에 따라 다르지만, 계류 주변에는 최소 폭 10m 이상의 띠숲을 설정하여 일종의 완충대를 두는 것이 좋다. 미국 서북부태평양 지역에서 산림작업이 계안구역에 미치는 영향 연구 결과에 의하면 계곡의 규모에 따라 대형, 소형, 중형으로 구분하고, 각 지역별로 완충산림의 폭을 달리하고 있다. 즉, 대형은 21~30m, 중형은 15~21m, 소형은 6~15m라고 하였다.

계안구역은 습한 서식환경을 조성하고, 식물이나 동물의 생물생산성이 높고, 경제성이 큰 나무가 분포한다. 산림휴양자의 이용빈도도 다른 곳에 비해 상대적으로 높다. 따라서 다목적인 활용도가 높으므로 신중히 관리해야 한다. 즉, 도로 및 임도건설로 인해 증가되는 침전물은 수질을 악화시키고 수중 생물의 서식에 불리하다. 수관층을 많이 제거하면 지표면 또는 수면에 도달하는 태양 복사열이 증가하여 미세기후와 계류 수온에 영향을 준다. 또한 물가에 가까운 산림을 벌채하면 침식 우려가 있고 수질이 악화될 가능성이 매우 높다. 계안에서 먼 곳의 산림작업도 수자원의 양과 질에 영향을 미쳐서 수온, 부유물질, 양분, 전기전도도, 무기물 함량 등이 변화된다. 계안구역내 캠프장이나 숙박시설 설치는 토양 침식 및 답압, 식생교란, 수질오염 우려가 크다. 사람이 버린 쓰레기 및 폐기물은 반드시 치우고 계류에 있는 것은 완전히 수거한다.

3) 계류구역

계류구역에서는 유수에 의해 계류바닥 침식이 지속적으로 발생하므로 유속 조절이나 계류바닥을 보호하여 토사유출을 저지해야 한다. 계류구역은 유역 상류 산림지역과 계안구역에서 흘러온 토사나 유기물이 모여 물과 함께 유역하부로 빠져 나가는 곳이므로 교란이 발생하지 않도록 관리한다. 인위적인 교란이나 자연재해 등에 의해서

그림 4-4 상류유역이 숲인 계안과 계류구역의 맑은 물

황폐화된 계류는 계류안정공법을 적용하여 복원해야 하며, 계안의 붕괴를 막기 위해서 설치하는 수로나 배수구는 견고하게 설계해야 한다. 과거의 계류안정공법은 주로 토목자재와 콘크리트를 이용한 기슭막이, 바닥막이 및 사방댐 등 토목구조물이 대부분이었으나, 최근에는 자연친화적인 구조물을 사용하고 있다(이천용, 2006).

자연친화적인 계류복원기법은 유목이나 가지, 간벌목, 자연석 등을 이용하여 계안과 계류의 안정성을 확보하면서 동시에 계류 내의 수생태계 및 자연정화능력을 최대한 발휘하는 기술이다. 산림유역을 경관생태학적 관점에서 상류와 하류의 생태적 연결성을 조사하여 그 지점에 적합한 공법을 적용한다.

다. 산림관리 방법

계곡과 그 주변은 수자원과 수질 측면에서 가장 중요한 곳이다. 비가 오면 개울 부근의 토양부터 포화되어 점차 확대되고, 비가 그치면 마지막까지 물이 남아있기 때문이다. 그러므로 물가의 적절한 관리가 필요하지만 하천 주변은 대부분 농지이거나 위락시설이 점거하고 있어 물 보전기능을 하지 못하고 관심도 적다. 물가는 수질과 수중 생물의 서식에 큰 영향을 준다. 물가의 숲[계안림]은 산림작업이나 임도사업으로 인해 발생하는 계류 내 부유물을 감소시키고, 유출수가 계류에 도달하기 전에 여과되어 양분의 유출을 감소시킨다.

산림을 잘 관리한 지역에서는 토양이 물의 침투를 쉽게 하고 물을 많이 저장하므로 비가 오자마자 땅 표면으로 곧장 흘러가지 않으며, 숲이 빗방울의 낙하에너지를 약화시켜 지표침식을 억제한다. 또한 흙의 구조를 발달시켜 물 흡수에 의한 팽창, 분산을 방지하고 산림의 기후완화작용으로 토양이 얼고 녹을 때 생기는 침식을 방지하는 등의 양적인 면과 침식에 의한 흙탕물을 방지하여 질적인 면을 모두 보전할 수 있다.

그러나 나무를 모두 베면 지피식생이 일시적으로 파괴되고 유기물층과 표토층이 유실되어 민둥산으로 되는 경우가 많다. 이때 비가 오면 빗방울의 충격으로 표토층의 구조가 파괴되고, 직사광선으로 지면온도가 높아지고, 온도가 변하여 토양상태가 악화된다. 토양구조가 나빠지면 빗물이 땅속으로 침투하기가 쉽지 않으며, 이에 따라 땅위로 흐르는 일시적인 물의 양이 많아져 침식이 생긴다. 물을 되도록 땅속으로 유도하여야 지하로 내려가면서 물리적·화학적·생물학적 기작을 거쳐 물이 깨끗해진다.

과거 수십 년 동안 산에 나무을 식재한 까닭에 민둥산이 없어졌고, 아울러 홍수, 침식, 산사태 등에 의해 토양이 유실됨으로써 발생하는 부유물의 감소로 수질에 가장 나쁜 영향을 주는 흙탕물이 줄어들었다. 혼탁한 물은 정수하는데 많은 비용이 소요되므로 산림이 울창해진 후라도 적정한 관리를 통하여 토양발달을 도모해야 한다. 벌채, 시비, 농약 살포와 같은 산림작업은 수질을 악화시킬 우려가 있어 주의가 요구된다.

안정된 산림생태계에서는 나무가 효율적으로 양분을 이용하므로 유출되는 양분이 적지만, 솎아베기나 벌채를 하면 양분순환체제가 바뀌어 토양 내 기온과 수분환경도 변화하므로 상류의 산림생태계에서 유출되는 양분도 증가한다. 특히 모두베기를 하면 양분을 흡수하는 식물이 없어지고, 지온의 상승으로 토양에 축적되어 있는 유기물이 분해되어 계류수의 질산태 농도가 증가한다. 그러나 식생이 어느 정도 회복되는 2년 후에는 원래 상태로 돌아온다.

산지자원화를 촉진하기 위해 필수적인 산지시비는 수질과 관련이 깊다. 성목림에 대한 기준 시비량은 질소 비료의 경우 ha당 100~200kg이며, 이 중 임목에 흡수되는 양은 수십 kg뿐이고, 나머지는 토양에 고정되거나 휘산 또는 용탈된다. 항공기로 시비한 경우 계류에 직접 떨어진 비료의 영향으로 암모니아태 질소가 시비 직후 수질기준을 약간 초과하기도 하지만, 계류의 미생물활동과 하류로 흘러가면서 희석되기 때문에 곧 정상으로 된다. 그러나 시비량은 임목이 최대로 흡수할 수 있는 양보다 많이 주면 수질이 저하될 우려가 있으며, 속효성 비료 역시 토양에서 질산화과정을 거쳐 용탈되어 수질에 나쁜 영향을 주므로 산림에는 지효성 비료를 주는 것이 좋다.

물가의 나무들은 계류 내에 그늘을 만들어 수온을 조절하며, 계류 생태계의 에너지원인 유기물과 수중생물에게 중요한 서식지를 제공한다. 물가는 습하므로 심을 수 있는 나무가 한정되어 있어서 다양한 수종개발이 필요하다. 물가에 심을만한 나무를 소개한다.

1) 버드나무

물가에 숲을 이루고 있는 나무 중 버드나무가 으뜸이다. 버드나무는 옛날부터 물가와 우물 주변에 심어 무성한 뿌리가 물을 정화하는데 일조를 하였다. 버드나무류에는 수양버들, 능수버들, 왕버들, 갯버들이 있다. 수양버들은 중국의 양자강 하류에 많다. 옛날 수나라 양제는 양자강에 대운하를 만들고 그 언덕에 버드나무를 많이 식재하기 위해 한 그루씩 심을 때마다 비단을 상으로 주었다. 그래서 나무의 이름을 수나라의 수와 양제의 양을 따서 만들었다고 한다. 풍석 서유구가 쓴 '난호어목지'(1820)를 보면 '버들치는 강버들 아래에서 노는 것을 좋아하는 까닭에 버들치라는 이름이 붙었다'고 하였는데, 깨끗한 물에서 사는 대표적인 물고기가 버들치와 버들개이다.

2) 낙우송

침엽수 중 낙엽이 지는 나무 중의 하나이다. 습지를 좋아하며 우리나라에는 서울에서도 자라지만, 원래 미국에서는 따뜻한 남동부지역의 미시시피강을 따라 넓게 분포한다. 물가에 있어서 수양목이라고 하며 뿌리가 약해서 쓰러질 우려가 있으며, 줄기 아랫부분이 훨씬 두꺼워 무게중심이 밑에 있다. 낙우송의 뿌리는 땅위로 나오는데 혹처럼 생겨 볼품은 없으나 기근으로 숨을 쉰다. 물속에 이 나무를 심으려면 흙이 들어있는 상자에 심어 뿌리가 자라게 한 다음 식재 구덩이에 나무상자째 넣고 줄기의 윗부분을 물위로 나오게 하면 잘 산다.

그림 4-5 부여 궁남지 주변 수양버들

그림 4-6 물가에서 잘자라는 낙우송(ⓒ 김진리)

3) 메타세쿼이아

은행나무, 소철과 함께 살아있는 화석으로 등장한 것은 1940년대 중국 사천성 아도계의 사당 부근에 있는 신목이 바로 이 수종임이 밝혀진 후이다. 중국에서는 습기가 많은 계곡에 있기 때문에 수삼이라고 하며, 양자강 상류에 조금 살아있던 나무가 전국으로 퍼진 것이다. 땅이 깊고 물기가 많고 바람이 적은 곳이 적지이다. 미국원산의 낙우송과 아주 비슷하나 낙우송은 잎이 어긋나고 이 수종은 마주난다.

그림 4-7 담양의 메타세쿼이아

4) 포플러

미루나무와 양버들 두 주종을 모두 포플러라고 부른다. 1910년대 도입되어 물가에 심어 도시락, 젓가락 등으로 많이 사용하여 한때 인기가 좋았던 나무이다. 땅속에 물이 흐르고 있는 곳을 좋아하며 모래가 많고 기름진 곳에서 잘 자라며 석회를 주면 생장이 빠르다. 가지는 위로 향하고 있어서 어느 시인은 마치 벌을 서는 것과 같다고 표현하였다.

그림 4-8 중국 내몽고의 포플러

The value of forest

제5장 산사태 방지

　지구는 인구폭발과 산업화로 급격한 기후변화가 생기고 있다. 기후변화는 기온과 강수량에 큰 영향을 초래하여 집중호우에 의한 홍수와 산사태, 토석류와 같은 산지재해가 대형화하고 자주 발생하고 있다. 다행히 과거 40년 동안 산림은 울창해져서 상당한 비가 오더라도 산지토양침식은 사라졌지만, 연속 강우에 의한 집중호우로 산사태가 발생하면 토심의 증가와 그 위에 서 있는 나무의 무게나 부피가 가중되어 곧바로 토석류가 생긴다. 사람이 없는 곳에 산사태가 발생하면 하나의 자연현상으로 볼 수 있지만, 인구가 밀집한 대도시 인근 산지에서 산사태가 발생하고, 토석류로 이어지면 인명과 재산피해는 상상할 수 없을 정도로 커질 수 있다.

1. 산사태의 정의

　산사태란 토양의 결속력을 약화시키는 큰 강우나 지진과 같은 외적 힘에 의하여 비탈면의 토양이나 암석이 균형을 잃고 일시에 아래로 무너져 내리는 현상을 말한다. 비가 오면 빗물은 비탈면을 따라 아래로 흘러가지만 일부는 땅속으로 침투된다. 땅속으로 침투한 빗물은 흙의 종류에 따라 각각 다른 속도로 이동하는데, 비탈면 토양에서 암반이나 진흙층과 같은 불투수층을 만나면 더 이상 지하로 내려가지 못하고 땅속에 머무른다. 땅속 물, 즉 지중수는 주변 흙의 강도[마찰력]를 약하게 만들어 그 위의 흙이 물에 뜬 배처럼 비탈면 아래로 미끄러진다. 즉, 빗물의 침투로 인해 흙의 미끄러지지 않으려는 저항력이 이동하는 힘[전단력]보다 약해질 때 산사태가 발생한다. 비가 올 때 저수지에 물이 점점 차다가 더 많은 비가 오면 둑이 무너져 일시에 물이 내려가는 이치와 비슷하다.
　산사태는 강우 시 돌발적으로 발생하고 빠르게 이동하는 특징을 가지고 있어 발생 장소와 시간 예측이 매우 곤란하다. 또한 홍수와 산불 등에 비해 규모는 작으나 인명

피해를 야기하며, 붕괴 발생 후 다량의 물과 토석(土石)이 섞여 흘러가면서 토석류로 발전하여 계곡을 침식시키며, 마침내 하류에 퇴적되어 하천범람 등 2차 피해를 유발하는 등 그 피해가 막대하다.

그림 5-1 2008년 경북 봉화의 산사태 발생지

그림 5-2 조림지(1번)와 자연림(2번)에서 산사태 발생

그림 5-3 경북 봉화의 산사태로 인한 토석류

2. 산사태 피해

그림 5-4는 2012년부터 2021년까지 10년 동안 평균 260ha의 산림피해와 2명의 인명피해가 발생했는데, 인명피해는 산사태로 인한 사망자이며 태풍의 강도가 클수록 인명피해도 증가하였다. 최근 기후변화로 2019년 가을 장마, 2020년 역대 최장기간 장마, 2021년 강우의 지역별 편차 등 산사태 피해 시기와 지역 예측이 매우 어려워졌다.

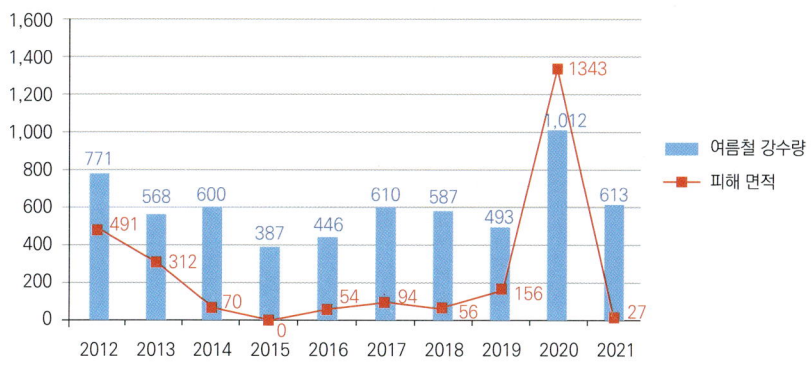

그림 5-4 연도별 산사태 발생 추이(자료 : 산림청)

3. 산사태 발생

　산사태 발생인자 중 강우가 가장 중요하지만 토양의 깊이[토심], 경사, 산림의 상태 및 지형 등의 인자도 관여하므로 하나의 인자만으로 산사태 위험도를 판단하기가 어렵다. 우리나라 산지의 지형은 대부분 30도 이상의 급경사지이고, 계곡의 길이가 짧아 비가 연속해서 많이 내리면 산림토양의 물 저장한계를 넘어서서 갑자기 산지가 붕괴되고, 토석은 계곡으로 빠르게 흘러내려 물과 함께 토석류로 발전할 가능성이 크다.
　산사태는 나무가 없는 산지[미립목지], 산불이 난 곳, 10년생 이하의 산림[유령림] 및 임목밀도가 낮은 임지, 불안정한 산기슭, 개간지, 군사시설, 광산 및 묘지 등 산지 형질 변경지역, 계곡의 종횡침식지와 지하수가 용출되는 비탈면에서 많이 발생한다. 그 외 폭풍, 태풍, 지진, 천둥이 있을 때, 마른 지역에서 물이 솟아 나오거나, 물이 새거나 포화되는 경우, 지표면에 새로운 균열이 생기거나 비정상적으로 부풀어 오른 경우 등을 들 수 있다. 산사태 발생원인을 구체적으로 살펴보면 다음과 같다(이천용, 2014).

가. 강우

　산사태는 7월에서 9월 초 사이에 집중호우와 태풍에 의하여 발생한다. 우리나라 연평균강수량은 약 1,300mm로서 매년 증가하고 있지만(그림 5-5), 계절별, 연도별, 지역별 강수량의 편차가 심하고 집중호우 일수가 증가하여 산사태도 크게 발생하고 있다.

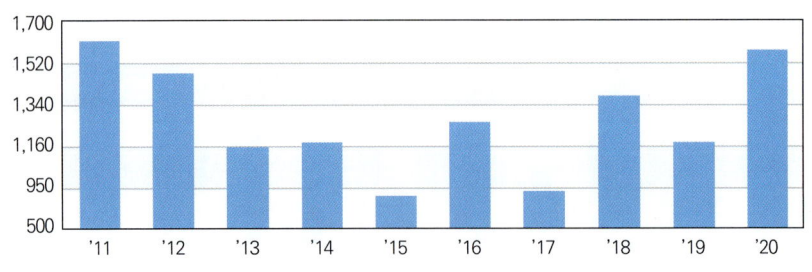

그림 5-5 홍천지역 잣나무림의 산사태

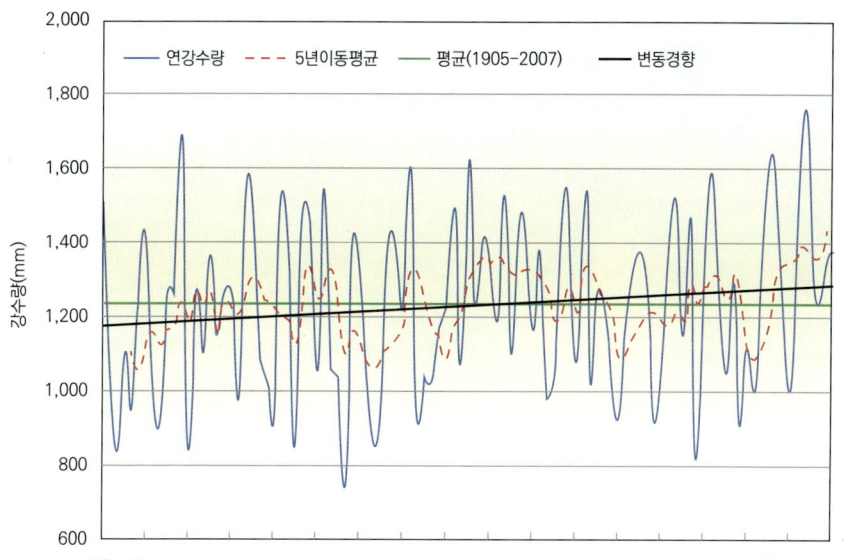

그림 5-6 우리나라 연평균 강수량의 변화(자료 : 국토교통부)

　집중호우란 시간적 집중성과 공간적 집중성이 매우 강한 비로서, 시간당 30mm 이상, 하루 80mm 이상 및 연강수량의 10%에 상당하는 비가 하루에 내리는 것을 말한다. 집중호우는 단시간에 작은 지역(약 10~20km² 정도)에 집중적으로 내리고 강우현상은 20~30분에서 2~3시간 주기의 강약 변동을 보인다.
　기상청이 집중호우의 발생 빈도를 가늠하는 1시간 최다강수량 50mm 이상 횟수를 분석한 결과 지난 30년 동안 발생빈도는 1977~1986년 143회, 1987~1996년 159회, 1997~2006년 254회로서, 최근 10년 동안 급격히 증가하였다. 또한 같은 기간에 100mm 이상 호우가 발생하는 횟수도 각각 2회, 3회, 6회로 급증하였다.
　1시간 최대강수량은 1988년 7월 31일 전남 순천의 145mm이며, 1일 최대강수량은 2002년 8월 31일 태풍 루사 내습 시 강원도 강릉의 870.5mm이다. 2001년 7월 23~24일 홍천군 두촌면 자은리에는 연속강우량 310mm, 최대시우량 109mm의 집중호우가 내려 산사태로 인해 가옥 5채가 매몰되고 5명이 사망했으며, 산림피해도 많았다(그림 5-7, 5-8).

제5장 산사태 방지　67

그림 5-7 홍천지역 잣나무림의 산사태

그림 5-8 홍천지역 낙엽송림의 산사태

나. 태풍

태풍은 적도 부근이 극지방보다 태양열을 더 많이 받을 때 생기는 열적 불균형을 없애기 위해, 저위도 지방의 따뜻한 공기가 바다로부터 수증기를 공급받으면서 강한 바람과 많은 비를 동반하여 고위도로 이동하는 기상 현상을 말한다. 해수면의 수온이 27℃ 이상 되면 태풍이 발생하고, 중심 부근에 강한 비바람을 동반한다. 또한 온대 저기압은 일반적으로 전선(rain front)을 동반하지만, 태풍은 전선을 동반하지 않는다. 태풍은 1년에 평균 3개 정도 내습하며, 과거와 달리 7월과 8월 그리고 9월과 10월에도 발생한다.

표 5-1 30년 동안 월평균 태풍발생 현황(1991-2020년)

월	1	2	3	4	5	6	7	8	9	10	11	12	합계	연평균
횟수	0.3	0.3	0.3	0.6	1.0	1.7	3.7	5.6	5.1	3.5	2.1	1.0	25.1	3.4

(자료 : 국가태풍센터, 2022)

그림 5-9 2002년 태풍 루사에 의한 산사태 발생(강릉 사천)

그림 5-10 태풍 루사에 의한 산사태로 계곡에 쌓인 토석

다. 지질

우리나라는 선캄브리아대에서 신생대에 이르기까지 각 지질 시대의 지층과 암석이 고르게 분포하는데, 선캄브리아대의 변성암류가 약 40%, 중생대의 화성암류가 약 35%, 고생대 이후의 퇴적암류가 약 25%를 차지하고 있다. 암석 나이는 30억 년에서 수천 년까지 매우 다양하다.

산사태는 지질의 암석학적 요인보다 국소적이고 구조적인 요인이 더 큰 영향을 준다. 단층에 의한 파쇄대는 암석의 강도를 급격히 감소시키고, 연약한 부분을 형성하며, 천층 지하수의 유로가 되어 산사태 발생이 용이하다.

우리나라의 2/3를 차지하고 있는 화강암과 화강편마암을 비교하면, 화강암지대는 편마암지대에 비하여 토심이 비교적 얕아서 산사태 발생 빈도는 높으나 발생 규모는 작게 나타난다. 특히 보은화강암에서 산사태가 가장 빈번히 발생하고, 발생면적률은 흑운모편암에서 가장 높게 나타난다. 반상화강암은 기암-암괴-모래로 풍화되는 불연속 풍화과정을 밟기 때문에, 계류에는 크고 작은 암석이 다량으로 존재하며 토양 중에는 모래가 많아 강수의 침투가 빠르다. 암석의 절리면도 비교적 잘 발달되어 암석붕괴도 잘 일어난다(그림 5-11).

그림 5-11 강원 홍천지역 산사태발생지의 반상화강암

라. 지진

지진이란 지구 내부에서 급격한 지각변동이 생겨 그 충격으로 생긴 파동, 즉 지진파가 지표면까지 전해져 지반을 진동시키는 것이다. 지진의 직접적인 원인은 암석권에 있는 판(plate)의 활동이다. 이 활동이 직접 지진을 일으키기도 하고, 다른 형태의 지진 에너지원을 제공하기도 한다. 판을 움직이는 힘은 다양한 형태로 나타나는데, 침강지역에서 판이 암석권 밑의 상부 맨틀(mantle: 지각과 핵 사이에 있는 암석층)에 비해 차고 무겁기 때문에 이를 뚫고 들어가려는 힘, 상부 맨틀 밑에서 판이 상승하여 분리되거나 좌우로 넓어지려는 힘, 지구 내부의 열대류에 의해 상부 맨틀이 판의 밑부분을 끌고 이동하는 힘 등이다.

우리나라 지진은 연평균 70회 정도 발생하며 그중 규모 3.0 이상의 지진은 연평균 11회 발생하고, 사람이 진동을 체감하는 지진은 연평균 5회 정도 발생하고 있다. 최근 세계에서 가장 심한 피해를 준 지진에 의한 산사태는 2015년 4월 24일 네팔에서 발생한 규모 7.8의 대지진과 5월 12일 이어진 규모 7.3의 여진으로 8,700여 명이 숨지고, 22,000여 명이 다쳤으며, 50만 채의 가옥이 파괴되었다. 또한 그 여파로 수많은 산사태가 발생하였는데, 카트만두에서 북서쪽으로 140km 떨어진 람체 마을에서 5월24일 발생한 산사태로 가정집 15채가 파괴되었으며, 칼리간다키 강이 막히면서 2km 가량의 인공호수가 생겼다. 강 수위가 빠르게 높아지면서 2차 피해인 홍수위험이 크게 증가하였다.

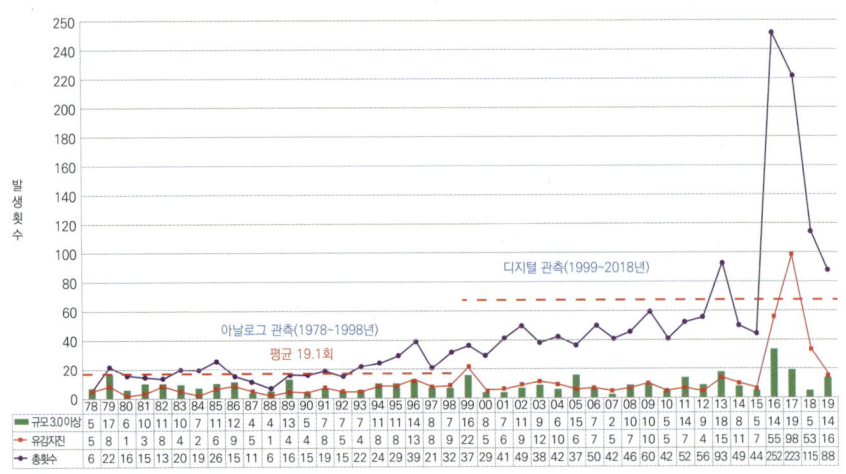

그림 5-12 우리나라 지진발생 현황
(자료 : 기상청, 2022)

마. 산림

산림이 완전하게 산사태를 방지할 수는 없지만 상당한 방지효과를 갖고 있는 것만은 확실하다. 비가 너무 많이 내린다든지, 경사가 급하고 지질적으로 산사태 발생 위험이 높은 곳은 산림의 억제 기능이 거의 없으나, 산림의 지상부와 지하부는 각각 붕괴를 억제하고 있다. 산림의 지상부는 강우가 직접 지표를 때리는 힘을 저하시키므로 침식을 억제하며, 급경사지에 나이가 많은 나무가 서 있으면 침식이 저지된다. 산림 내 지표의 낙엽층은 침식으로부터 지면을 보호하고, 지피물은 지표수의 일시적인 유출을 막아서 토사 유출을 방지한다.

산림 내 나무의 뿌리는 흙과 얽혀 있어 응집력을 강화하고 토양 강도를 증가시켜 침식에 대한 저항성을 높인다. 심근성 수종의 뿌리는 다른 토양층을 연결하여 토양을 고정시키므로 붕괴 방지에 큰 역할을 한다(그림 5-13). 우리나라 산지는 토심이 비교적 얕기 때문에 산사태 발생을 완화 또는 저지하는데 산림의 효과가 기대된다.

산림의 상태에 따라 산사태 발생이 달라지는데 인공림은 천연림에 비해 대부분 뿌리가 낮게 뻗은 천근성 수종이고, 토심이 깊지 않아 산사태가 상대적으로 많다. 특히 우 조림지에서는 토심 1미터 이하이면 나무에 의한 붕괴방지 효과가 크고, 1미터 이상 되면 그 영향이 적다. 그러나 토심이 깊은 지역은 얕은 지역에 비해 발생빈도는 낮

그림 5-13 나무 뿌리의 토양 결속 효과

으나 규모는 크다. 산사태 위험이 비교적 높은 지역, 임분밀도가 높아 뿌리 발달이 저조한 지역, 간벌작업 직후의 잔존목이 있는 곳은 산사태 발생 확률이 높다. 무립목지는 임목지보다 산사태 발생면적이 29% 더 많으므로 산림이 있으면 산사태 방지 가능성이 높아진다(최경, 1982).

4. 산사태 방지 산림관리

산사태 방지를 위한 적정 수종은 참나무류와 소나무 및 리기다소나무를 들 수 있다. 참나무류는 비교적 토심이 깊은 지역에 식재하며, 소나무 또는 리기다소나무는 토심이 얕은 지역에 식재하는 것이 효과적이다. 이들 수종은 토심이 비교적 깊은 지역에 식재하는 잣나무, 낙엽송, 밤나무보다 뿌리에 의한 붕괴방지효과가 크게 나타난다. 산기슭에 인접한 토지는 농경지로 이용하는 것보다 여기에 뿌리가 깊고 넓게 생장하는 감나무, 호두나무 등을 식재하고 관리한다.

산림은 심근성과 천근성의 단목 또는 띠형 혼합림이나 침엽수와 뿌리가 길고 깊은 유용활엽수의 혼합림이 좋다. 또 산림의 수직적인 배열이 여러 층으로 분화된 다층림도 산사태 방지에 유효하다. 생태적으로 안정된 천연림은 천연갱신을 하지만 인공림은 단순 일제림이 되는 것을 피하기 위해 활엽수의 침입을 유도하여 혼합림을 만든다. 산림의 폭은 보통 30미터 이상이면 양호하나 복층림이면 20미터 이상, 띠형 혼합림은 최소 10미터 이상으로 조성한다.

산사태방지림은 과도한 가지치기와 뿌리굴취를 금지해야 한다. 산림작업 중 골라베기[택벌]와 다층림 작업은 임목뿌리 감소에 영향을 주지 않는다. 붕괴 위험성이 높은 비탈면에서는 상층림을 솎아 초본류 도입을 촉진하여 토양침식을 억제해야 한다. 천

그림 5-14 잣나무 성목에 의한 산사태 피해 저감

연림 갱신은 동일 유역 내에서 어린 숲이 많지 않도록 벌채를 조절하며 수령이 골고루 분포하게 한다.

밀도가 높은 침엽수 단순림에서는 숲의 활력이 회복될 때까지 약도의 솎아베기를 약 5년 간격으로 여러 번 실시하여 임목의 수관경쟁에 따른 고사목, 피압목, 열세목 등의 발생을 사전에 방지하고, 광환경을 개선함으로써 하층에 활엽수의 유입을 촉진시켜 침·활 혼합림으로 유도한다. 침엽수림을 벌채하면 뿌리의 저항력이 시간이 경과할수록 저하되는데 근원직경이 클수록 저항성도 강하다. 활엽수는 벌채한 후 맹아가 형성되어 저항력이 크게 감소되지 않으므로 침엽수보다 장기간 저항력이 지속되지만 수종과 맹아력에 따라 차이가 있다.

수령의 차이도 산사태에 영향을 주는데 조림 후 5~10년까지는 저항력이 약하여 산사태가 많이 발생하고, 장령림으로 가면 산사태발생비율이 감소하다가 노령림으로 되면 뿌리의 토양을 붙잡고 있는 능력이 떨어져 다시 증가한다. 또한 천연림은 인공림보다 효과적이지만 인공림도 잘 관리하면 그 효과가 나타나며, 임목 축적은 ha당 150m³ 정도 되어야 산사태가 예방된다.

산사태 우려가 있는 급경사지의 쇠약한 나무는 제거하며 남아있는 임목도 가지를 확장시키지 않는 것이 좋다. 급경사지에 지상부가 무거운 나무를 남기는 것은 위험하므로 적당히 조절하여 골라베기[택벌]가 가능한 산림으로 하던지 지상부에 부담을 주지 않는 수형(tree form)으로 한다. 지층이 변화되는 곳이나 변곡점(inflection point)이 있는 곳은 붕괴 위험성이 높으므로 활엽수 중심의 골라베기를 실시한다.

능선과 계류 주변을 제외하고, 유역 내 대면적 산림은 수익성을 높이기 위해 효율이 좋은 산림작업이 요청되나 산사태를 유발시키는 작업은 곤란하다. 모두베기는 될 수 있으면 금지하며 벌채구역의 분산과 방재림 설정, 벌채율의 제한 및 갱신기간의 단축 등 임지보전을 고려한 작업으로 산사태 방지를 위한 산림을 유지해야 한다.

한편, 임도를 개설할 때에도 산사태 방지를 고려해야 한다. 벌채적지의 집수구역과 비탈면 상부의 경사가 급하게 변하는 곳에는 임도시설을 피하고 임도 좌우의 위험지에는 산사태에 강한 나무를 심는다.

The value of forest

제6장 낙석 방지

1. 낙석 피해

낙석은 주로 해빙기와 우기에 많이 발생한다. 겨울에서 봄으로 넘어가는 해빙기에 눈과 얼음이 녹는 과정에서 바위 주변의 흙이 느슨해져서 돌이 떨어지는 경우와 암석의 일부가 풍화작용으로 응집력을 잃거나 태양의 복사열로 바위 표면이 팽창과 수축을 반복하면서 생긴다. 또한 집중호우로 인해 바위 주변의 토양이 침식되어 자체 무게를 견디지 못하고 아래로 굴러 떨어져서 발생하기도 한다. 해빙기의 낙석은 바위의 크기가 작아 큰 위험은 없지만, 비가 연속해서 내린 후 비탈면 토양 속에 걸쳐있던 돌이 빠져 굴러 떨어지면 큰 피해가 날 수 있으며, 낙석위험은 순간적이고 예측불가능하게 다가온다.

그림 6-1 도로비탈면에서 낙석 100여 톤이 쏟아진 모습
(2021.2.20 충북 영동군 양산면 원당리. 출처 : 영동군)

산지의 급경사가 심하고 침식가능성이 높은 화강암과 화강편마암 지역에서는 낙석위험이 상존하므로 이에 대한 예방이 필요하다. 특히 임도 주변은 급경사지의 기반을 흔들어 집중호우 시 낙석위험이 높다. 국도나 지방도는 위험한 돌을 미리 제거하기도 하지만 산지에서는 워낙 면적이 넓고 예산이 부족하여 거의 불가능하다. 도로비탈면 아래에 돌이 떨어져서 머무는 완충지역을 만들거나 낙석방지망과 낙석저지책을 설치하기도 하지만, 낙석방지림을 조성하는 것도 낙석피해를 막는 하나의 수단이다.

그림 6-2 낙석방지망

그림 6-3 낙석저지책

2. 낙석의 원리

 암석은 지각의 표면에 나타난 단단한 고체로서 입자의 크기가 2mm 이하이면 흙, 이상이면 돌로 분류한다. 크기에 따라 돌은 작은 것, 바위는 큰 것을 의미하지만 돌이나 바위는 지질학 용어로 암석이라고 한다. 암석은 성인에 따라 화성암, 변성암, 퇴적암의 3종류로 나누며, 우리나라는 경상남북도의 퇴적암지역 외에는 화강암이나 화강편마암이 대부분을 차지한다.

 낙석은 암반 내 불연속면(절리, 편리, 층리 등의 갈라진 틈)의 이완현상에 의해 암편이 모암으로부터 분리되어 낙하하는 현상으로, 규모면에서 암편을 셀 수 있을 정도의 소량의 것을 의미한다. 낙석의 형태는 탈락형(전석형)과 뜬돌형(박리형)이 있는데, 탈락형은 풍화가 진행됨에 따라 침식이나 풍화에 대한 저항력이 약한 토사 속에 포함되어 있는 암편이나 자갈 등이 탈락하는 낙석의 형태로서, 경사 5°~45° 사이에서 많이 발생한다. 뜬돌형은 불연속면이 잘 발달된 암체 내에서 불연속면에 둘러싸인 암괴, 암편 등이 들뜬 상태로 존재하다 강우나 동결융해와 같은 원인으로 인해 떨어지는 낙석의 형태로서 경사 45°~55°에서 많이 발생한다(그림 6-4).

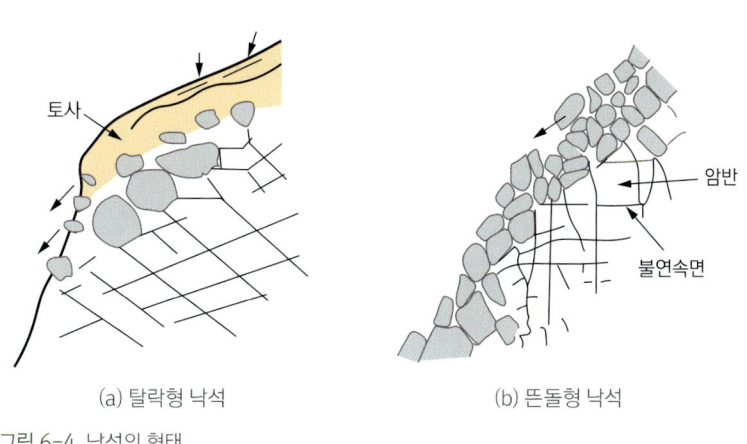

그림 6-4 낙석의 형태

 비탈면의 조건과 낙석의 관계를 보면 비탈면이 암반일 경우에는 반동계수가 크기 때문에 돌은 직선 또는 회전을 하며 낙하하거나, 회전과 도약을 함께 하는 경향이 많지만, 비탈면이 토사인 경우에는 반동 계수가 적어 직선으로 떨어진다(그림 6-5).

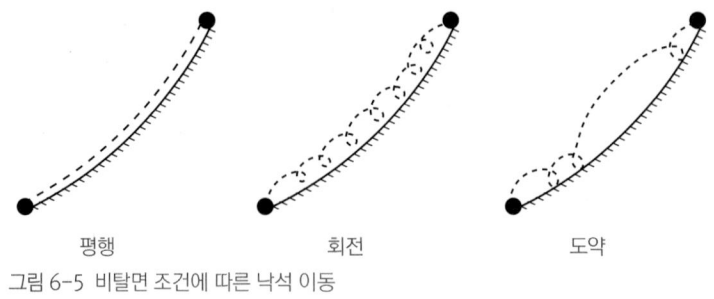

그림 6-5 비탈면 조건에 따른 낙석 이동

3. 숲의 기능 및 역할

　낙석위험지는 일반적으로 급경사지로서 암석이 많고 토심이 얕아 표토 이동이 쉬운 곳이며, 식생침입이 불리한 곳에서 생긴다. 낙석이 생기는 곳의 조건을 보면 산림이 적고 전체의 80% 정도가 노출되어 있는 나지이며 지피식생이 아주 적다. 또한 낙석이 발생하는 지역은 토심이 낮아 임목생장이 나쁘고 뿌리의 분포범위도 그다지 넓지 않다.

　위에서 내려오는 돌은 나무에 부딪히거나 나무 사이를 통과하다가 운동에너지가 임목에 흡수되어 정지되기 때문에 어린 나무로 구성된 숲은 낙석방지 기능을 제대로 발휘할 수 없다. 돌은 가장 먼저 닿는 나무에 의해 정지하는 것이 아니고, 여러 나무에 의해 저지되므로 여러 열의 임목이 필요하다. 보통 암석 크기는 직경 1~2미터인데, 이동거리가 10미터 정도라면 임목이 저지할 수 있으나 그 이상의 힘이 가해지면 방지하기가 곤란하다. 원래 낙석 피해는 지표 풍화와 침식에 의해 암석이 흙에서 빠져나와 생기므로 침식을 방지하는 것이 중요하다.

　낙석이 잘 발생하지 않는 비탈면은 나무 중심에서 2미터까지는 뿌리가 흙을 꽉 잡고 있는 것을 볼 수 있다. 이러한 뿌리의 낙석방지효과는 뿌리 단면적과 임분밀도에 비례하며, 뿌리와 낙엽 등은 낙석의 운동에너지를 어느 정도 흡수하여 돌이 튀는 것을 방지하고, 하층식생은 암석이동을 멈추게 한다. 임목은 뿌리공간이 확보되면 돌이 있는 곳까지 뿌리생장을 계속하고 이 뿌리가 토양을 고정시켜 침식을 방지하며, 낙엽층과 지피식생도 임목의 뿌리와 같은 효과를 갖는다.

그림 6-6 직경 50cm의 암석 이동을 저지한 나무

그림 6-7 암석을 고정한 나무뿌리

그림 6-8 바위에서 떨어져 나간 돌이 나무에 걸린 모습

낙석은 비탈면에서 굴러 내려오거나 튀면서 밑으로 떨어지므로 도로변에 있는 낙석방지책과 같은 효과를 갖기 위해 띠숲을 조성한다. 따라서 낙석방지림은 목재생산을 목적으로 하는 직경이 굵고 수간이 곧은 임목으로 조성할 필요는 없고, 입지조건에 대한 저항성, 생장률, 뿌리의 깊이 정도를 고려하여 건전한 산림을 육성해야 한다.

산자락은 비교적 경사가 완만하므로 낙석방지림은 이러한 지역에 조성하되 필요에 따라 흙막이, 골막이, 수로공, 편책 등 기초공을 실시하여 점차 산허리 쪽으로 임분형성을 유도한다. 낙석은 산림이 조성되면 예방할 수 있지만 강풍으로 노령목이 쓰러지면 지반이 교란됨으로써 낙석이 생길 수 있다. 일본에서 시험한 곰솔의 충격흡수에 필요한 직경은 경사가 급할수록, 낙석의 직경이 클수록 굵은 직경의 나무가 있어야 피해를 줄일 수 있는 것으로 나타났다(표 6-1).

표 6-1 낙석방지에 필요한 곰솔의 직경(단위: cm)

경사도	비탈면길이(m)	암석직경(cm) 100	60	40	20	10
10°	5	9.7	5.8	3.9	1.9	1.0
	20	15.4	9.2	6.2	3.1	1.5
	40	19.4	11.7	7.8	3.9	1.9
	70	23.4	14.1	9.4	4.7	2.3
	100	26.4	15.8	10.6	5.3	2.6
20°	5	16.5	10.0	6.6	3.2	1.6
	20	26.2	15.8	10.5	5.3	2.5
	40	33.1	19.9	13.2	6.6	3.2
	70	40.0	24.0	15.9	8.0	3.8
	100	44.9	27.0	17.9	9.0	4.3
30°	5	18.3	11.0	7.3	3.7	1.9
	20	29.1	17.5	11.6	5.8	3.0
	40	36.7	22.0	14.7	7.4	3.7
	70	44.2	26.5	17.7	8.6	4.5
	100	49.8	29.1	19.9	10.0	5.5
40°	5	19.2	11.5	7.7	3.9	2.0
	20	30.6	18.3	12.3	6.1	3.1
	40	38.7	23.2	15.5	7.8	3.7
	70	46.6	28.0	18.7	9.3	4.0
	100	52.5	31.5	21.0	10.5	5.4

(자료 : 川口武雄, 1987)

4. 산림 조성 및 관리

낙석방지림은 ① 입지에 대한 요구도가 적고 척박지에 강하며, ② 여러 가지 재해에 대한 저항력이 높고, ③ 뿌리발달이 왕성하여 토양을 고정하고, ④ 수간생장이 좋아서 낙석에 부딪혀도 부러지지 않는 등의 조건을 만족시켜야 한다. 따라서 양호한 입지를 선택하며, 생장이 느리고, 재해에 대한 저항성이 약한 음수보다 심근성인 양수가 적합하다. 일반적으로 활엽수는 침엽수보다 충격에 대한 저항력이 강하여 부러져도 맹아에 의해 쉽게 복원된다.

수종은 되도록 자생수종을 이용하고 도입수종은 효과를 검증한 뒤 조성해야 한다. 또한 직근이며 심근성이고 뿌리가 많아 토양결속력이 큰 수종을 선정하며, 낙석충격에 잘 견디고, 돌에 부딪힌 상처가 잘 치유되고, 나무줄기[수간]가 부러져도 맹아갱신이 잘 되는 수종이 좋다. 그 외 표토와 풍화토의 유실과 퇴적에 의한 매몰에 견디어 부정근이 잘 생기는 수종이나 내음성이 높고 임목밀도를 높게 유지하는 수종이 좋다. 해안지방에서는 내염성이 높은 곰솔, 사방오리, 아까시나무, 편백과 같은 수종이 좋다.

산림은 침활혼합림으로 유도하고 면적이 넓으면, 여러 수종을 혼합하되 매열마다 다른 수종을 배치하고, 면적이 좁으면 띠형(tree belt)으로 섞는다. 식재할 때 열 간격 2미터, 줄 간격 1미터(헥타르당 5,000본)로 하는데, 이 방법은 미래의 다층림으로 유도할 때도 좋다.

산림을 건전하게 육성하여 낙석방지 효과를 기대하려면 식재후 관리를 잘해야 한다. 풀깎기 - 밑깎기[제벌] - 솎아베기[간벌] - 다층림의 순서로 이어지는 일련의 과정에서 밑깎기는 조림 10년 전후에 실시하고 솎아베기는 낙석 크기와 임분밀도를 고려하여 자주 실시하며, 울폐된 숲은 지피식생이 감소하므로 빛 조건을 개선하기 위해서 열(列) 단위로 작업한다. 또한 낙석방지림에서는 벌채, 뿌리채취, 개간, 토질변경 행위를 금지해야 한다.

The value of forest

제7장 비사 방지(모래날림 방지)

1. 모래해안의 특성

　모래해안은 파도가 직접 육지와 부딪히고 강한 바람이 연중 발생되는 공간에 위치하고 있으므로 항상 변화한다. 바람과 파도에 의한 퇴적과 침식은 새로운 지형을 만들고 그곳에 적응하는 식생이 침입한다. 모래해안은 염분농도가 높고 건조가 심하며, 강한 햇빛으로 인하여 한여름에는 지표면의 온도가 60℃ 이상 되기도 하므로 생물 서식환경이 불리하다.

　모래해안은 자연요인과 인위적 요인으로 변화한다. 자연요인에는 기상(날씨, 강수량, 바람, 태풍, 지구온난화), 해수 현상(파도, 조석류, 연안류의 변화), 지질 변화(지진해일, 해수면 변동), 지역의 특수성(모래의 입자크기, 모래공급원 변화) 등이 있다.

　기상요인의 하나인 태풍은 수일 만에 급격한 변화를 일으키지만 계절풍은 모래해안 주변의 파도와 연안류를 변화시켜 계절적으로 모래해안의 변화를 유발한다. 즉, 여름철에 침식된 모래해안이 겨울철에 다시 재생되기도 한다. 해류, 조석(tide), 파도 및 바람의 영향으로 계절에 따라 여러 가지 형태의 모래해안이 생기며, 해수면 변동에 따라 변화한다.

　인위적 요인은 연안 구조물 건설, 준설, 항만 건설, 하구언 혹은 댐 건설, 바다모래 채취, 연안매립, 지하수 이용 등을 들 수 있다. 모래해안 주변에 방파제와 같은 구조물을 설치하면 모래해안이 크게 변화한다. 방파제 건설이나 준설은 연안류, 파도 및 조석 등을 변화시키고, 이에 따른 퇴적 및 침식작용이 발생하여 해안이 달라진다. 준설 폐기물 투기, 바다모래 채취 등도 영향을 주지만 방파제 건설이 해안선 변화에 가장 큰 영향을 준다. 또한 하천에 댐을 설치할 경우 하천에서 바다로 유입되던 모래가 감소하면서 인근 해안의 모래침식이 가속화할 수 있다.

2. 해안사구 생성

가. 모래의 생성

바닷가에 있는 모래는 상류유역의 암석 풍화와 침식 및 운반작용에 의하여 하천을 따라 바다에 도달되었거나, 해안과 해저(海底)의 암석이 파도로 인하여 파괴되어 생성된 것이다. 생성된 모래의 성분은 석영(85~90%)과 장석(3~6%)이며, 입자크기는 0.25~0.55mm이다. 해안사구의 형태는 기상, 식생, 지형, 주풍 방향 등에 따라 달라진다.

나. 해안사구의 생성

해안사구[모래언덕, sand dune]는 해류와 연안류에 의해 운반된 해변의 모래가 바람에 의해 내륙으로 다시 운반되어 해안선을 따라 평행하게 쌓인 모래언덕으로서, 일차적으로 해안선을 따라 형성되는 전사구(fore dune)와 퇴적된 모래가 다시 침식·운반·퇴적되면서 형성되는 2차사구(secondary dune)로 구분한다(그림 7-1). 사빈(sand beach)은 해류와 연안류에 의해 운반된 모래가 해안선을 따라 쌓인 지형으로서 파랑의 영향을 직접 받는 곳이다. 전사구는 사빈의 모래가 식생이나 표류물에 의해 고정되어 만들어진 해안사구로서, 사구지대 중 가장 바다 쪽에 있다. 2차사구는 전사구의 모래가 바람에 의해 운반된 후 재퇴적되거나 침식되어 형성된 해안사구로서, 전사구와 배후산지의 사이에 형성된다. 사구습지(dune wetland)는 사구열과 사구열 사이, 해안사구와 배후산지 사이, 고도가 낮은 사구지대 중 지하수면과 근접한 곳에 형성되는 습지로서 충남 태안의 두웅습지가 대표적이다.

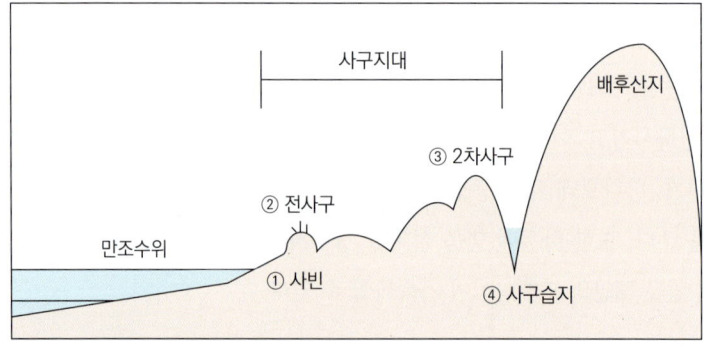

그림 7-1 해안사구 모식도

다. 해안사구의 가치

해안사구는 사빈으로부터 공급되는 모래를 저장하고 있다가 태풍, 해일 등에 의해 사빈의 모래가 유실되면 저장하고 있던 모래를 다시 사빈으로 공급함으로써 해안선과 배후지역을 보호한다. 해안사구는 다공질 모래에 많은 지하수를 함유하고 있으며, 빗물에 의한 습지가 형성되어 농업용수나 식수로 사용한다. 사구지대의 담수는 바닷물과의 밀도차에 의해 바닷물이 육지로 침입하는 것을 방지하므로 육상의 담수생태계를 보호한다. 해안사구는 모래의 공극이 많아 물의 정화능력도 우수하다. 해안사구는 빠른 지형변화, 강한 일조량, 강한 바람, 염분, 물부족 등 서식환경이 매우 열악하여 일반 육상식물들은 살기 어렵고, 다른 곳에서는 볼 수 없는 희귀한 것이 많다. 이들은 염생식물(halophyte)이라고 하며 갯잔디, 갯방풍, 갯메꽃, 모래지치, 통보리사초 등이 있다. 사구에 사는 동물은 장지도마뱀(파충류), 큰조롱박먼지벌레, 개미지옥, 날개날도래 등이 있다. 해안사구는 겨울철의 모래날림현상, 모래언덕의 바람자국, 굴곡이 심한 해안 초지 등 독특한 자연경관을 형성한다.

그림 7-2 갯메꽃

라. 해안사구 생성

1) 기상 요인

기온은 모래 언덕의 함수량과 관계가 크므로 모래 언덕의 발달에 관여하며, 강수는 수분을 공급하여 모래를 고정한다. 강풍은 상층에 있는 모래를 날려 보내고, 습한 모래층을 노출시킨다.

2) 식생 요인

식생은 비사를 억제하고, 햇볕과 바람을 막아 줌으로써 수분 증발을 적게 한다. 또한 식생은 토양유기물을 증가하며, 바람 뒤쪽(leeward)에 형성되는 모래언덕의 기초가 된다.

3) 지형 요인

모래언덕 발달에 적합한 해안의 형태는 규칙적으로 바다를 향하여 완만한 오목 곡

그림 7-3 우리나라 최대 신두리 해안사구

선이나 직선으로 되어 있으므로, 지도에서도 해안에 모래 언덕이 있고 없는 것이 판단 가능하다.

비사현상이 심한 곳은 배후의 육지가 급경사지인 경우에도 비사는 계속 이 위에 모래언덕을 형성하기 쉽다. 모래의 퇴적은 파도에 의하여 육지에 생긴 모래가 되돌아가는 파도와 함께 쓸려 내려가지 못할 때 이루어지는 것이므로, 모래가 퇴적되려면 해안이 잘 발달되어야 한다. 경사도는 모래 입자의 크기와 밀접한 관계가 있어 모래알의 지름이 0.5~1.0mm인 경우에는 5°, 1~3mm인 경우에는 8.5°를 초과해서는 안 된다.

4) 바람 요인

바람은 파도를 일으키고, 파도로 육지에 밀려 온 모래를 이동시키는 원동력으로서 해안지방에서의 주풍(主風)은 대부분 바다에서 육지를 향하여 분다. 주풍방향이 해안선과 이루는 각도는 일정하지는 않지만 직각으로 되면 파도와 모래에 미치는 영향이 가장 크므로 모래 언덕 발달에 큰 영향을 미친다. 바람이 불면 모래 표면에 전단력

그림 7-4 바람에 의해 생성된 모래언덕

(shearing force)이 작용하고, 모래입자 사이에는 전단응력(shear stress)이 발생되다가 어떤 한계를 초과하면 모래가 움직인다. 초속 12미터의 바람이 불면 어떤 기상조건 하에서도 모래가 날리며, 특히 건조할 경우에는 초속 5m와 같이 약한 바람에도 모래가 날린다.

3. 해안 침식현황과 방지

우리나라는 해수면 상승, 파도, 조류, 해류, 바람, 시설물 설치 등에 의해 해안침식이 점점 심해지고 있다. 2014년 해양수산부가 연안 250곳을 대상으로 연안 침식 모니터링을 한 결과 침식우려 지역은 37.6%를 차지했다. 특히 동해안은 모니터링을 실시한 88곳 중 59곳(67%)이 우려할 만한 침식이 진행 중이고, 15곳은 침식이 심각한 곳이었는데, 모두 인공구조물로 인한 모래이동이 침식의 원인이었다. 남해안은 태풍 등 자연재해와 인공구조물에 의한 영향이 복합적으로 나타나고 있으며, 서해안에서 발생하는 연안침식은 대부분 사구포락 및 토사포락의 형태를 나타내고 있다. 특히 연안개발과 대규모의 간척 및 하구언 공사로 인한 최극조위의 상승이 관측됨으로써 해수범람 및 연안침식 발생이 계속 증가할 것으로 판단하고 있다. 바다모래채취로 인해 연안으로 유입되는 모래공급량의 감소도 모래해안의 침식에 영향을 준다. 사구 주변 해역에서의 바닷모래 채취는 해빈으로의 퇴적물 유입 부족을 야기한다. 이는 해빈의 침식과 함께 해수위를 상승시켜 전사구 지역을 침식하는 결과를 초래한다.

또한 사구 주변의 방조제, 항만 등의 인공구조물 건설은 퇴적물 이동의 변화를 가져와 국지적으로 퇴적과 침식의 변화를 가져오게 된다. 하천 발달이 미약한 동해안은 모래이동이 연안을 따라 발생하므로 방파제 건설 등의 개발행위는 모래해안의 침식에 큰 영향을 줄 수 있다. 예를 들어, 해운대 해수욕장은 1980년대 중반에 시작된 수영만 매립과 해안선에 쌓은 호안에 의하여 모래의 자연순환이 막히면서 백사장 면적이 2015년에 비해 2021년은 24%가 줄어들어 피서철이 되면 모래를 보충하고 있다. 서해안에 위치한 충남 만리포나 천리포, 꽃지 해수욕장에서도 유사한 문제가 발생하고 있어 침식 문제가 심각하다.

모래해안 변동을 감소시키는 방법은 크게 두 가지이다. 하나는 인위적으로 변화를

그림 7-5 강한 바람과 파도에 의한 해안침식(속초)

직접 저감하는 것으로 방사제 및 돌제 설치, 양빈(artificial sands nourishment)을 예로 들 수 있다. 다른 하나는 자연적인 변화 범위 내의 이용행위를 제한하는 것이다.

방사제를 설치하면 내륙 쪽은 변화 요인으로부터 반영구적으로 보호된다고 하나 경우에 따라 인근 모래해안의 변화를 오히려 가속화시킨다는 연구도 있다.

돌제는 강한 파도를 막아 모래해안의 침식현상을 막는 구조물로서 연안류의 흐름을 방해하지 않고, 외해쪽 파도의 영향을 최소화하는 방식으로, 파도의 영향을 심하게 받는 지역의 침식방지에 유용하다.

양빈은 해안에서 해양으로 이동한 모래를 해안가로 되돌리는 방법으로, 선진국에서 일반화된 모래해안 보호대책이다. 이 방법은 기질적, 생태적으로 동일한 모래를 이용함으로써 환경에 영향이 거의 없고, 단기간에 효과를 발생시킬 수 있다는 점에서 주목을 받고 있다.

이용행위 제한은 침식 예상구역을 파악한 후 구조물의 설치를 제한하는 것이다. 마치 토석류 위험지역에 건축을 제한하는 것과 같은 이치이다.

그림 7-6 서해안의 방사제

그림 7-7 동해안 고성의 돌제

그림 7-8 덴마크의 중장비를 이용한 양빈

그림 7-9 부산 다대포 해수욕장의 모래포집기

모래해안의 지형변화는 주로 전사구 포락 등 침식으로 인한 것이므로 침식방지를 위해 모래언덕 해안에 대나무로 만든 포집기를 설치한다. 모래포집기는 설치 후 수개월이 지나면 깊이 50cm 이상의 모래언덕이 형성되는데, 사람들의 출입을 제한하면 모래 집적이 증가한다.

4. 모래해안의 토양 특성

해안의 토양을 분석한 결과 표 7-1과 같이 토성은 사토이며, 평균 토양산도는 7.54로서 중성~알칼리성이다. 유기물 농도는 0.26%로서 산림토양의 거의 1/10 수준이었다. 전질소 농도는 유기물의 공급이 적어서 평균 0.05%로 매우 낮았다. 모래해안의 식물은 생장에 필요한 질소를 크게 요구하지만, 유효태 질소의 용탈과 탈질화 현상에 의하여 질소가 손실되고, 또 질소를 고정할 수 있는 식물도 제한적이어서 질소가 상당히 부족하다(김찬범, 2013).

표 7-1 서해안 사구의 이화학적 특성

구분		지역 평균	서천	보령	태안	부안
pH		7.54	8.02	7.60	7.31	6.29
유기물(%)		0.26	0.10	0.13	0.15	1.46
전질소(‰)		0.05	0.03	0.05	0.03	0.18
유효인산(mg/kg)		6.75	6.81	9.11	5.94	3.49
CEC (cmolc/kg)		3.88	5.38	2.07	1.87	8.17
치환성 양이온 (cmolc/kg)	Ca^{++}	0.76	0.45	0.55	1.31	0.88
	K^+	0.17	0.16	0.33	0.10	0.06
	Mg^{++}	0.44	0.48	0.45	0.45	0.22
	Na^+	0.34	0.69	0.12	0.16	0.08
EC (dS/m)		0.40	0.70	0.29	0.13	0.32
NaCl (%)		0.02	0.04	0.01	0.01	0.01

(김찬범, 2013)

평균 토양산도가 높은 것은 칼륨, 나트륨, 칼슘, 마그네슘 등 치환성 양이온이 토양산도를 증가시켰기 때문이다. 전기전도도는 0.40ds/m이었는데 0.40ds/m이상이면 식물생육에 크게 유해하다고 알려져 있다. 해안지역에서 해수 비산과 범람은 토양 내 염분농도를 높이는 직접 원인이다. 염분의 주성분인 나트륨은 토양입자의 분산을 일으켜 입단구조 형성을 어렵게 하고, 투수속도를 떨어뜨려 배수가 불량하게 만드는 등 토양물리성을 악화시킨다. 토양에 나트륨이온농도가 증가하면 치환성염기중칼슘이온이 나트륨이온으로 치환·흡착되므로, 토양에 과다하게 축적된 나트륨 이온은 결국에는 식물이 흡수되어 피해를 일으킨다. 염분농도가 0.02%이면 식물생육에 큰 피해를 준다(신학섭등, 2013).

5. 비사방지림의 기능

산림의 비사방지 기능은 산림에 의해 풍속이 약화되어 비사발생을 억제하고 날아오는 모래를 포착하는 것이지만, 비사와 해풍에 의해 숲 자체가 손상을 입거나, 어린 숲은 모래에 묻히어 본래의 기능이 떨어지는 경우도 있다. 해안에 숲을 조성하면 풍속은 한계마찰속도 또는 한계풍속 이하로 되어 비사발생을 억제한다. 또 모래가 숲속에 들어와도 앞에만 쌓여 뒤로의 이동을 저지한다. 지피식생이나 낙엽은 사면을 피복 고정하여 비사발생을 억제한다. 그러나 비사발생을 방지하고 또 침입한 비사를 포착 퇴적할 뿐만 아니라 후방에도 악영향을 미치지 않으려면 최저 50~70미터 폭의 띠숲이 필요하다. 바닷가 쪽의 나뭇잎은 비사와 해풍에 의해 상처를 받아 정상으로 발육할 수 없지만, 육지 쪽 임목의 수고는 앞 숲의 희생에 의해 크게 자랄 수 있다.

과거 서해안의 백령도나 대청도 등 섬이나 동해안 지역에서는 해안 근처의 숲에서 땔감이나 연료를 구하였기 때문에 식생이 파괴되어 모래언덕이 생겼는데, 바람이 심하게 불면 모래가 농경지와 집을 덮고 개울과 저수지를 매몰시키는 경우가 많았다. 1952년에는 그 면적이 6,000ha에 달할 만큼 너무 넓어 비사피해가 극심했으므로, 1955년부터 1978년까지 2,200여 ha의 면적에 모래언덕을 고정하는 해안사방사업이 대대적으로 실시되었고, 이 지역의 재황폐를 막기 위해 비사방지보호림이 지정되었다. 보호림 면적은 1980년 2,233ha였으나 1985년에는 1,244ha로 거의 절반으로 감소하였고, 2008년에는 886ha로서 다른 보호림 면적보다 상대적으로 크게 줄어들었지만 최근 해안림조성사업을 실시함으로써 약간씩 증가하고 있다(이천용 등, 2005).

그림 7-10 옹진군 대청면 대청리 해안사방 시공 전(위)과 시공 후(아래)(1994)

그림 7-11 옹진군 대청도에 설치한 비사방지 목적의 퇴사울타리(1994)

6. 비사방지림 조성 및 관리

가. 조림수종 조건

해안사구에 대한 식재는 일반 조림지보다 환경조건이 좋지 않으므로 수종 선정에 신중을 기해야 한다. 조림수종이 구비해야 할 조건은 ① 양분과 수분에 대한 요구가 적을 것, ② 온도의 급격한 변화에도 잘 견디어 낼 것, ③ 비사·조풍(tide wind)·한풍(cold wind) 등의 피해에도 잘 견디어 낼 것, ④ 바람에 대한 저항력이 클 것, ⑤ 울폐력이 좋고 낙엽과 낙지(dead branch)에 의하여 지력을 증진시킬 수 있는 것 등이다.

이와 같은 조건을 갖고 있는 수종으로는 곰솔, 소나무, 섬향나무, 노간주나무, 사시나무, 떡갈나무, 해당화, 아까시나무, 보리수나무, 자귀나무, 보리장나무, 싸리, 순비기나무, 팽나무, 오리나무류, 소귀나무, 족제비싸리 등이 있는데, 그중에서도 2~3년생의 곰솔을 가장 많이 심고 있다. 묘목을 밀식하면 모래땅이 조속히 피복되어 바람과 건조의 피해를 방지할 수 있지만, 밀식의 정도가 과도하면 임목 생육이 저해되므로 1ha당 10,000본 정도가 적당하다. 해안사구 토양은 유기물 함량이 매우 낮고, 특히 질소가 매우 부족하므로 빠른 식생 정착과 복원을 위하여 아까시나무나 오리나무와 같은 질소고정 수종을 섞어 심기도 하지만, 밀도가 높지 않도록 유의한다.

나. 조성 방법

바다에서 가까운 쪽에는 키가 작은 나무를 심고 육지로 갈수록 점점 키가 큰 나무가 있으면 지표 부근의 모래이동 억제에 큰 기능을 발휘한다. 띠숲의 폭이 70미터로 넓더라도 지하고가 높고, 작은키나무가 없으면 숲속의 바람은 점점 빨라져 비사가 숲으로 들어간다. 따라서 이와 같은 숲에서는 방조림(tide protection forest)과 같이 곰솔 또는 활엽수를 하층목(下層木)으로 도입하는 다층림(多層林)이 좋다. 숲의 앞쪽에는 갯보리, 갯쇠보리, 새, 솔새, 보리사초, 갯쑥부쟁이, 자귀풀, 갯그령, 좀보리사초, 띠, 모래지치, 통보리사초, 순비기나무, 왕잔디, 우산잔디, 갯메꽃 등 향토초종을 피복하여 모래가 숲속으로 들어오는 것을 방지한다. 조림한 곰솔숲 앞에는 사초를 식재하고 장소에 따라 방풍울타리와 방풍그물을 설치한다. 모래언덕이 넓은 경우 앞쪽의 띠숲 내측에 폭 50미터 이상의 방풍림을 주풍에 직각으로 수고의 10배 정도의 간격으로 배치한다.

그림 7-12 서해안 기지포 사빈의 관목 및 초류에 의한 모래피복

그림 7-13 서해안 모래언덕 피복과 배후의 곰솔숲

해안 모래땅에는 미리 만든 울타리 안에 큰 묘목[大苗]을 식재하는 것이 좋다. 조림의 성패는 객토에 있으므로 부식토와 같은 비옥한 흙을 한 구덩이마다 1~3리터씩 넣어 모래와 잘 섞은 다음 묘목을 심어야 한다. 짚이나 녹비(綠肥), 퇴비, 울타리재료의 부스러기 등을 모래 속 깊이 20~30센티미터 깊이에 묻어두면 비료도 되고, 모래의 이동 및 수분의 증발방지, 지력증진 등의 효과도 커진다. 볏짚을 묻어 둘 때에는 묘목 1본당 400g 정도를 표준으로 하며, 묘목 식재지의 전면이나 또는 식재목 주위에 볏짚을 깔고 덮어서 모래이동과 수분증발을 방지한다. 식재목 주위를 가지나 분쇄목으로 덮어 줄 때에는 묘목 1본당 300g 정도 필요하고, 모래땅 전체를 덮으려면 1ha당 6톤에서 10톤이 소요된다.

다. 관리방법

산림을 조성하여 비사를 억제할 수 있지만 산림만으로는 한계가 있어서 강한 바람에 의해 모래가 날리면 산림 속에 많은 모래가 퇴적하기 때문에 전방사구에 의한 비사의 고정과 숲가장자리에 대한 비사방지책이 필요하다. 특히 다설(多雪)지역의 해안에는 비사의 퇴적과 적설이 교호로 쌓인 층이 형성되어 식물의 가지나 줄기가 꺾이는 피해가 발생하므로 관리에 주의해야 한다. 또한 해안의 모래땅은 여름의 복사열이 크고 소금이 섞인 바람이 불어 식생 정착에 오랜 시간이 걸린다.

이미 조성된 산림은 식재 후 8~10년이 지나면 가지 끝이 서로 맞닿아서 울폐되고, 임목간의 경쟁이 심해져 경쟁에 뒤진 개체는 고사하기도 하며, 밑가지가 죽기도 하여 수관층이 얇아져서 형상계수(수고/흉고직경)가 높은 쇠약한 숲이 되므로 10년 뒤 솎아베기를 실시하여 생육을 촉진하고 건전하게 만든다. 지하고가 2미터를 넘지 않게 하려면 수고가 4미터에 도달하기 전에 솎아베어야 하며, ha당 5,000본이 남아 있는 숲은 수고가 5미터에 도달하기 전 다시 솎아벤다. 해안 최전방에 있는 숲은 해풍의 피해를 받기 쉬우므로 폭 10미터 정도는 실행하지 않는 것이 좋다.

생육환경이 열악한 해안에는 사방공사를 실시하여 인공적으로 숲을 만들지만, 숲이 파괴된 후 복구하는 것보다 기존의 해안숲을 잘 보전하여야 자연의 재앙을 막을 수 있다. 따라서 사람이 많이 오는 비사방지림 지역은 안내판 등을 설치하여 홍보와 보전을 겸해야 할 것이다.

The value of forest

제8장 경관 향상

　경제적인 여유가 생기면서 도시에 사는 것보다 자연과 가까운 지역을 선호하는 시대가 되고 있다. 도시 근교에 자연휴양림이 늘고 있으며 등산인구가 급증하고 있다. 이러한 분위기를 반영하여 자연에서 즐기는 여가 활동은 양과 함께 질을 요구하고 있어 녹색 자원의 확보는 최근 도시 행정의 커다란 이슈가 되고 있다. 즉, 산림은 자원으로만 인식되던 시대를 넘어서 나무와 주변 환경이 어우러진 한 차원 높은 아름다운 경치를 제공하는 특별한 자원이 되었다.

　경관이 좋아서 지정한 국립공원이나 자연휴양림의 숲은 일부러 여행을 떠나야만 만나게 되는 곳이므로 그 가치를 인정받고 있었으나, 주변 숲의 풍경은 큰 관심을 갖지 않았다. 그러나 삶이 복잡할수록 산림에 애착이 생기게 되고 산림경관은 소중한 생활의 일부가 되었다.

　경관은 느낌과 전망이 함께 하는 것으로 눈에서 얻는 정보, 즉 바라보는 것에 의해 성립된다. 사람의 오감 중에서 눈은 먼 곳에 있는 숲을 느낄 수 있지만 코나 입은 가까운 숲만 느낀다. 경관은 눈에 보이는 '대상'과 보고 있는 '시점(視點)'의 관계이므로 대상인 숲만으로 성립될 수 없고, 시점과의 상대적 위치에서 성립한다. 멋있는 전망을 제공하는 경관 효과를 높이려면 시점 선정과 시점 주변 정비가 대상의 위치 변동과 함께 중요하다. 즉, 전망 대상이 넓은 숲을 변화시키는 것보다 시점을 이동하는 편이 훨씬 쉬운 것이다.

1. 산림경관의 특성

　숲은 강렬한 인상을 주는 건축물이나 토목 구조물과 다르게 풍경 속에서 조용히 바라다 보이는 대상이다. 깊은 산속의 숲으로 가득 찬 경관을 제외하면 건축물이나 도로가 숲과 함께 보이는 것은 당연하므로 숲은 경관의 주제가 되기보다는 구성 요소의 하나로 작용할 수 있다. 숲은 자신을 보여주는 효과 외에도 다른 경관요소와 어떻게 훌륭한 조화를 이룰 것인가에 초점을 맞추어 시점을 배치해야 한다.

미국의 산림미학자인 리튼은 '산림경관을 지배하는 기본 요소는 형태, 선, 색채, 질감'이라고 하였다. 첫째, 형태는 인간이 가장 먼저 지각하는 요소이다. 지형적 요소가 수목이나 숲의 형태와 조화될 때 숲은 주변 요소 가운데 가장 지각성이 강한 지표가 될 수 있다. 경관은 디자인에 따라 크게 달라지는데 그중 통일된 디자인이 보기에 좋지만, 숲은 형태가 각각 다르므로 가장자리를 잘 처리해야 경관미가 향상된다.

그림 8-1 의성 고은사 입구의 풍치보안림
(현재 경관보호림) 표석

선은 공간미학의 개념에서 볼 때 점이 연속된 이동궤적이며, 선의 이동은 면을 형성하고 면은 결국 형태를 구성한다. 산의 형태와 능선, 숲의 외곽선은 여러 가지 선형미를 나타내고 있으며, 수목개체의 줄기, 가지, 잎의 외곽선은 다양한 곡선의 형상미를 보여준다. 특히 대상 물체의 입체적 형태보다는 외곽선이 자아내는 실루엣의 형상미가 더욱 인상적일 수 있다. "자연은 직선을 싫어한다"는 캔트의 말처럼 숲은 곡선이 지배적이다.

형태와 선이 산림풍경을 지각하는 기본요건이라면 색채는 형태와 선을 더욱 부각시키고, 다양성을 증대시키는 충분요건인 동시에 미적 부가가치를 높인다. 숲의 색채는 녹색을 기본으로 하지만 색조 차이가 다양하다. 숲은 계절에 따라 색상이나 채도, 명도가 다르게 나타나는데, 특히 명도는 지각거리에 비례하여 차이가 뚜렷하다.

질감이란 지각대상의 표면이 곱고 부드럽거나 거친 정도를 나타내는 것으로, 표정을 만들고 친근감이나 맛을 더해 주변과 조화를 이루는 요소이기 때문에, 질감이 없고 무표정한 콘크리트나 철로 만든 인공 구조물은 표면을 처리하여 질감을 향상시키려고 한다. 이에 반해서 형태나 크기가 일정하지 않은 나무의 집합체인 숲은 매우 복잡한 질감을 갖고 있으며, 수종과 임목밀도 등에 따라 질감이 변한다.

침엽수림은 정형적·규칙적이며, 냉정하고 단아하며 완고한 느낌을 준다. 활엽수림은 상록수인 경우 중후하고 변화 있는 느낌을 주고, 낙엽수인 경우 경쾌하고 명랑하며, 변화가 있으면서 조화를 이루며 포용하는 느낌을 준다(김호준 등, 1997).

2. 경관 부각 요소

산림경관의 기본요소인 형태, 선, 색채, 질감은 각각 독립적인 것이 아니고 주변의 다른 자연적, 인공적 요소와 조화를 이루어 경관성을 높인다. 즉, 대비(대조), 연속, 축, 집중, 대등, 구성 등의 내적 요소는 변화 속에 통일감과 조화성을 나타낸다.

가. 대비성

대비성은 조화성과 대칭되는 개념으로서 조화성이 순수 자연요소로만 아름다움을 나타내는 것이라면, 대비성은 이질적 요소나 인공적인 요소와 무리 없이 조화되면서 표출되는 경관이다. 예를 들면, 깊은 산의 계곡에 아슬아슬하게 놓인 출렁다리는 균형적인 대비감을 자아내고 있으며, 기암절벽 위의 정자나 누각은 자연과 인공미가 균형 있게 조화를 이룬 대비적 요소의 경관이다. 숲은 나무들의 집단이므로 부분 경관이 전체 경관을 유도하는 연속 경관이다.

나. 축

축의 개념은 자연풍경에서는 직접적으로 감지할 수 없는 신비의 균형감이 내재되어 있으므로, 축을 강조하여 감상할 필요는 없다. 자연에 인공미를 더하거나 인위적 풍경을 조성하는 경우 축은 시각의 중심이며 방향이고, 경관의 질서를 바로 잡아주는 절대

그림 8-2 합천 홍류동 계곡에 있는 정자와 숲의 대비성

적 요소나 자연풍경에서는 자연축을 이용하는 균형이 더욱 조화감을 높인다.

다. 집중성

집중 또는 수렴성은 숲의 가장자리가 울창하게 조성되어 중심공간을 안정감 있게 둘러싸는 경관미로서 중앙에 집중감을 형성한다. 그러나 보는 이의 시각과 느낌에 따라 중앙에 숲이 조성되어 있더라도 시각은 외곽으로 분산되는 경향이 있으므로 집중과 분산이 동시에 일어난다.

라. 대등성

대등 또는 동등성은 일반적인 형식미의 원칙 중 대칭에 해당되며, 균형과 대립되는 개념이다. 자연에는 동형, 동질의 것이 서로 조화되어 균형감을 이루지만, 인공미에서는 동형, 동질의 요소를 대립시켜 대칭감을 조성하는 경향이 많다. 산은 지형지세나

봉우리가 대칭되는 경우가 거의 없으나, 평지에 숲을 조성할 경우 수평적, 수직형태의 대등감을 형성할 수 있다.

경관 구성은 중심구도를 형성하는 짜임새라 할 수 있는데, 지형지세가 중심구도를 이루는 자연적 경관과 인위적인 숲이 만드는 회화적 경관으로 나눈다. 특히 산과 계곡이 많으면 자연적으로 집중이나 중심구도를 이루고 있지만, 경관의 주체적 중심요소를 두드러지게 하기 위해서 숲을 조성하기도 한다. 또한 미약한 경관을 부각하기 위하여 주변에 숲을 조성하는 것은 마치 그림을 부각하기 위해 표구를 하는 것과 같은 이치이다.

3. 경관의 변화 요인

경관은 변화를 주는 요인이 있을 때 다양성과 부가가치가 커진다. 그러므로 경관의 변화 요인인 운동, 조명, 대기조건, 계절, 거리, 위치, 규모 그리고 시간 등에 의해서 같은 경관이라도 다양하고 매혹적으로 변한다.

운동은 경관의 생동미(生動美)와 생명력을 부각시킨다. 즉, 물은 정적 풍경미에 동적 생동미를 부각시키는 경관의 운동요인이며, 대상풍경을 보는 사람의 동적상태에서 나타나는 양상은 또 다른 느낌을 주므로 운동은 동적인 경관의 변화요인이다.

숲에 들어오는 햇빛은 대자연이 연출하는 가장 장엄한 조명이다. 숲이 풍경의 무대라면 햇빛은 조명의 요인으로 풍광을 빛내는데 영향을 준다. 조명은 햇빛의 계절별 방향이나 각도에 따라 숲의 미관이 달리 나타난다. 한 예로 소나무, 전나무, 가문비나무 등 침엽수림에 비치는 아침의 측방광선은 빛줄기와 같은 분광의 선형감을 느낄 수 있으며, 한낮에 울창한 참나무, 자작나무 등 활엽수림에 조사되는 산광은 온화한 느낌을 주므로 조명의 요인은 곧 풍광의 주된 변화요인이다.

대기조건은 숲의 변화 요인 중 가장 거시적 신비감을 자아내는 것으로서 이는 기상조건에 따라 나타나는 광역적 변화 요인이다. 예를 들면, 해발이 높은 산악지는 구름, 안개, 강우, 강설, 풍향 등의 기상요인에 따라 시시각각으로 변하는 일시경관의 양상을 띠고 있어 신비스럽고 공포감마저 자아낸다. 특히 울창한 숲에서는 태고의 신비감을 느낄 수 있다. 천연림이 대부분인 국립공원이나 산악지대에서는 대자연의 장엄하고 신비한 경관을 연출하는 변화 요인이라 할 수 있다.

그림 8-3 화성 융건릉의 참나무숲

그림 8-4 구름이 배경이 되는 소나무 경관

그림 8-5 안개 낀 완도수목원의 가시나무숲

　계절은 경관의 기본양상을 네 번 변화시키는 다양성의 요인이다. 계절은 풍경의 우세요소인 형태, 선, 색채, 질감을 더욱 부각하게 하거나 반대로 퇴조하게 하는 변화요인이다. 특히 숲의 색채와 질감을 결정적으로 변화시켜 계절마다 완전히 다른 모습을 보여 주며, 심지어 산의 지명마저 계절에 따라 다르게 부른다. 금강산은 계절마다 명칭이 있다. 금강산은 봄의 아름다움을 지칭하며, 여름에는 봉래산, 가을에는 풍악산 그리고 겨울에는 개골산이라고 한다. 계절적 변화는 주로 숲이 담당하는데 초봄의 꽃과 신록(新綠), 여름의 풍요로운 진한 잎, 가을의 형형색색의 단풍, 겨울의 낙엽진 가지에 쌓인 눈 등은 경관의 기본양상을 매력적으로 만든다.
　거리는 풍경을 보는 사람의 수평적 위치로서, 근경, 중경, 원경 등으로 나누며, 풍경의 연속성과 관계가 있다. 건물, 도로나 인공구조물은 거리에 의해 크기는 변하지만, 표정은 변하지 않는데 비하여 산림경관은 거리에 따라 표정이 변하는 독특한 특징을 갖고 있다. 숲을 바라보는 데는 적당한 거리가 있다. 나무는 시점에서 거리에 따라 형상이 변하여 가까이에서는 잎과 가지의 식별이 가능하지만, 약간 떨어지면 한 장의 잎보다도 잎의 집합인 수관이 눈에 들어오고 더욱 멀어지면 수관의 집합이 보인다. 나무의 세부적인 것을 보는 한계는 400미터 정도이고, 수관이 보이지 않고 녹색의 바탕으로 보이는

그림 8-6 고창 문수사의 단풍나무 봄숲

그림 8-7 동해 무릉계곡의 여름숲

그림 8-8 양평 용문산의 가을숲

그림 8-9 평창의 눈덮인 겨울숲

제8장 경관 향상

것은 약 3킬로미터 이상이다. 거리 5~15킬로미터에서는 산의 연결된 능선만 보인다. 따라서 나무가 아니라 숲을 보려면 중간 정도가 좋다. 숲은 조각처럼 한참 동안 바라보는 대상이 아니므로 여러 가지 표정을 조화시키기 위해서는 거리가 기본이다.

대상경관의 시점은 수평적 위치에서 보는 경우가 일반적이지만, 수직적 위치에 따라 대상풍경의 양상이 다르게 보인다. 자연경관은 지형의 굴곡이 심하므로 보는 위치가 높고 낮음에 따라 대상물의 풍경이 달리 지각되기 때문에 수직적 위치의 변화요인에 영향을 받는다. 예를 들면, 일출이나 월출의 광경은 될 수 있으면 주변 지형보다 높은 위치에서 관찰해야 미적 관조가 커진다. 일목요연한 풍경을 감상하려면 당연히 가장 높은 곳이 유리하다.

숲을 보는 위치와 거리 외에도 올려다보는 것과 내려다보는 경관이 다르다. 올려다보면 산허리와 능선이 보이고 나무의 옆면을 보게 되며 단풍과 신록에 음영(陰影)이 있어 미묘한 숲의 변화를 느낀다. 내려다보는 경관 중 으뜸인 것은 수해(樹海)이다. 수해는 매력 있는 산림 풍경의 하나인데, 이것은 숲이 계속해서 보일 수 있을 만큼 바다처럼 광활해야 한다.

수해는 규모가 중요하므로 나무 한그루 한그루의 특징이 아니라 수관의 질감을 느낄 정도의 거리에서 바라본다. 내려다보는 경관은 개방적이나, 올려다보는 경관은 대상에 위압감을 느낀다. 이처럼 시점과 대상의 수직적 위치 관계는 거리와 마찬가지로 산림경관에서 중요한 요소이다. 그러므로 산림경관 설계와 조성에는 시점의 위치가 중요하다. 경관의 대상이 가지, 수관의 미묘한 차, 집단적인 숲 등에 따라 적당한 거리를 계획해야 한다.

숲의 규모는 인간에게 장엄하고 압도감을 주나 거리에 비례하여 지각된다. 시간은 대상물의 자연적 현상과 보는 사람의 행동에 따라 그 형상이 다르게 나타난다. 시간은 경관의 변화요인 중 가장 가시적인 변화가 뚜렷하다. 태양의 이동시간과 각도에 따라 숲의 모습이 달라지고, 특히 일출, 일몰, 월출과 같은 자연현상에 따라 시시각각으로 변하는 풍경은 세심한 관찰이 필요하다.

그림 8-10 산 밑에서 올려다 본 영암 월출산

그림 8-11 산 위에서 내려다 본 지리산의 수해(樹海)

제8장 경관 향상

4. 경관을 위한 산림조성 및 관리

산림경관은 그 안에 건물이나 도로 등 존재감이 강한 물체가 있으면 풍경을 해치기 쉽다. 그러나 숲속에 잘 건축된 오두막집은 그 존재가 오히려 경관을 돋보이게 한다. 반면에 산림을 벌채한 곳은 쉽게 눈에 띄며 숲과 경계 부위는 경관에 대한 배려가 없기 때문에 보기도 나쁘고 산림경관의 질을 저하시킨다.

숲의 경관 보전효과를 높이기 위해서는 산림 자체의 관리 상태, 산림이 아닌 요소와의 조화 그리고 바라보는 장소[視點]의 선택과 정리가 필요하다. 예를 들어, 고전적이며 유명한 산림경관은 봄의 벚꽃이나 가을 단풍이지만, 주변 하천의 여러 가지 상황, 즉 강폭, 냇물의 양과 유속 등이 산림경관과 잘 조화되고, 단풍나무가 식재된 둑이 있거나 고수부지에 꽃 등이 있다면 경관은 더욱 향상된다. 이와 같이 숲이 경관의 주체

그림 8-12 미국 미시건주 Hartwick pines 주립공원 숲속 오두막 교회(1951년 건축)

임에는 틀림없지만 다른 요소들과 잘 조화되어야 한다. 자연 요소인 하천과 숲, 즉 물과 녹색이 경관의 주류를 이루고 여기에 자연이나 인공물이 첨가됨으로써 훌륭한 산림경관을 이룬다. 멋있는 산림경관을 조성하려면 잠재력이 있는 장소를 선택하여 시점을 확정하고, 시점에서 주대상물을 볼 때 효과적인 위치에 건축물이나 계절을 잘 표현하는 자연요소를 배치해야 한다.

경관림 관리의 문제점은 부적정한 솎아베기 방법, 잘못된 가지치기로 인한 수형(tree form) 변화와 소나무, 벚나무, 단풍나무 등 산림과 어울리지 않는 조경수종 식재이며, '나무를 심으면 경관은 저절로 좋아지고 아름다운 나무를 심으면 경관은 향상된다'고 하는 일반적인 인식이 경관림 관리를 소홀하게 하고 있다.

사람들은 자연성이 너무 높은 느낌을 주거나 너무 낮은 느낌을 주는 숲보다 적당히 자연스러운 숲을 좋아한다. 따라서 인공림도 자연스러운 느낌이 들어야 하므로 자연미를 높이려면 통일성을 깨트리는 활엽수를 도입하거나 수관의 크기나 배열을 바꾸어야 한다. 인공림이 대면적으로 조성된 곳과 그 주변이 천연림이나 이차림인 산림에서는 최소한의 인위적 간섭으로 산림경관을 높이는 것이 현실적이다. 또한 도시 인근의 숲에서는 목재생산 지역이라 하더라도 군데군데 활엽수를 섞어서 경관미를 높일 필요가 있다.

경관림 작업에서 가장 중요한 것은 모두베기의 금지이다. 한 그루도 남기지 않는 벌채방법은 벌채한 직후 공지가 너무 넓어 눈에 띄고, 나무를 식재하더라도 산림경관이 단조롭게 되는 문제가 있으므로 모두베기는 반드시 피해야 한다. 아름드리나무가 울창한 숲은 약간 무섭지만 들어가 보고 싶은 신비한 매력을 지닌 곳이고, 자연을 경외하는 환경교육의 장소이다. 따라서 나무들이 한 폭의 그림과 같은 느낌을 주고, 변화가 있는 것처럼 보이려면 커다란 나무를 최소한 헥타르당 십여 그루를 남겨야 한다. 특히 사람들이 많이 찾는 숲은 벌채를 싫어하는 국민 정서 때문에 경관림작업을 제대로 실행하지 못하고 있는데, 산림의 경관기능에 대한 요구가 증가되고 있으므로 경관향상을 목표로 하는 숲은 충분히 전문가의 도움을 받아서 작업한다.

The value of forest

제9장 건강 증진

1. 건강의 조건

사람이 태어나서 죽는 것은 정한 이치라고 하면 사는 동안 병 없이 육신을 잘 지키다가 세상을 뜨는 것이 모든 인간의 소망일 것이다. 의학의 발달로 평균 수명은 80세에서 100세로, 현재의 어린이들은 120세까지 살 수 있다고 한다. 무병장수의 육신을 갖기 위해서는 끊임없는 노력으로 건강을 지켜야 하는데, 스스로 전문가라고 하는 사람들은 각각 자기만의 비법으로 건강을 지킨다. 만약 그것을 잘 지키면 장수할 수 있겠지만 과연 어느 것이 제대로 된 방법인지는 자신의 몸을 잘 아는 본인만이 알 수 있을 것이다.

건강을 정신적인 것과 육체적인 것으로 나눈다면 전자는 욕심을 버리고 스트레스를 받지 않아야 하는 것이 가장 기본이며, 후자는 과식하지 말고 규칙적으로 운동하고 여가를 잘 활용하는 것이라고 한다.

그리스의 의사 히포크라테스는 건강을 지키는 요소가 물과 공기와 환경이라며 주로 자연에서 찾았다. 생명을 유지하는데 필수적인 요소임에는 틀림없지만, 현세는 인간사회에서 발생하는 여러 가지 갈등을 잘 풀어가고 조화롭게 살아야 건강하다. 우리나라의 자살률은 인구 10만 명당 25.7명으로 OECD 국가 중 1위라고 하는데, 사회에 적응을 못하여 스트레스를 심하게 받기 때문일 것이다. 사회적 요인 외에도 환경적으로 오염된 공기와 물 그리고 훼손된 자연은 건강을 더욱 악화시킨다. 다행히 우리나라는 국토면적이 작아도 지형의 굴곡이 심한 산과 울창한 숲이 대도시 주변에 있어서 정신과 육체 건강을 도모하는 사람들을 넉넉히 수용할 수 있음은 하늘의 축복이다.

과거에는 막연히 산꼭대기까지 올라가면 건강에 좋다고 생각하였으나, 숲에서 나오는 물질이 건강에 도움을 준다는 연구가 활발히 진행된 후에는 둘레길처럼 숲속에서 천천히 걷는 인구가 증가하고 있다. 숲속에 들어가서 숨 쉬고, 걷고, 명상하는 것을 산림욕이라고 하는데, 나무가 발산하는 물질의 보건 의학적인 작용과 숲이 주는 심리적·정서적 효과로 인하여 숲은 건강 증진을 위한 휴양 장소로 가장 좋은 곳이다.

2. 숲의 스트레스 해소 효과 이론

스트레스 해소는 정신과 신체를 정상 상태로 회복하고 치유하는 것을 말하며, 숲을 통해 스트레스를 해소할 수 있다. 숲은 부정적인 심리상태를 긍정적으로 변화시키고, 생리적인 자극을 정상화하며, 일정 부분 인지 수행력을 향상시키고, 장기적으로는 신체건강과 면역력을 향상시킨다(이영경, 2010).

인간사회는 자연에 대한 동경과 귀중함의 인식, 즉 문화적 인식이 자리잡고 있으며, 문화적 인식의 반복이 숲 선호 혹은 자연의 치유가치로 나타난다고 한다. 숲의 치유 효과에 대한 이론적 배경에는 집중력 회복 이론과 심리생리적 스트레스 회복 이론이 있다. 심리생리적 스트레스 회복 이론은 스트레스 해소를 심리와 생리 등의 다양한 측면에서 설명하는 반면에, 집중력 회복 이론은 주로 심리적 차원에서 이를 설명하고 있다. 두 개의 이론이 비록 상반되더라도 숲을 바라보는 것 자체가 스트레스를 해소하고 심리, 생리, 인지가 긍정적으로 변화되는 효과가 있음을 증명한다. 일상생활에서 요구되는 집중은 의도적이고 많은 에너지를 요구하기 때문에 집중력이 고갈되는 결과가 발생한다. 집중력 고갈은 인간의 인지와 감정 그리고 행태에 부정적인 영향을 초래하는데, 고갈된 집중력은 치유 특성을 가진 경관이나 활동에 의하여 회복될 수 있다.

숲의 치유 특성은 매력, 탈출감, 공간감, 적합성 등 네 가지 요소이며, 이 요소에 대한 지각강도가 높을수록 치유효과가 강해진다.

가. 매력

숲에 대한 매력은 네 가지 치유 특성 가운데 가장 중요한 요소인데, 경관 경험자의 무의식적 집중을 유발하기 때문이다. 무의식적 집중은 정신적 에너지를 필요로 하지 않기 때문에 그 자체가 휴식이고, 나아가 집중력을 재충전하는 효과가 있다. 집중력 회복 이론에 의하면 '숲의 매력'은 적정 수준과 강한 수준으로 구분된다. 강력한 매력을 가진 숲은 강한 집중을 유발하기 때문에 자기성찰의 여지를 남기지 않지만 적당한 매력을 가진 숲은 복잡한 정신상태를 맑게 하고, 자기성찰로 이어지는 기회를 제공한다. 따라서 적정한 수준의 매력을 갖는 숲이 더 치유 효과가 있다.

나. 탈출감

탈출감은 의도적인 집중이나 노력을 요구하는 일상생활로부터 물리적인 혹은 정신적인 거리감을 말한다. 이 느낌은 새롭거나 낯선 경관을 볼 때 혹은 일상생활과는 다른 것을 경험할 때 발생한다. 그러나 책임감이나 의무감 등이 사라지지 않으면 다른 곳에 있다는 느낌은 강하지 않기 때문에 일상으로부터의 탈출이 전제조건이다.

다. 공간감

공간감은 숲의 공간적 여유와 숲 내외 요소와의 조화성에 대한 지각을 말하며, 범주와 연결성으로 구성된다. 범주란 경험자의 활동과 움직임이 가능한 공간적 여유에 대한 인식으로 지각되는 숲이 일정한 활동이나 움직임을 담을 수 있고, 들어가고 머물기에 충분함을 의미한다. 연결성은 숲경관의 시각적 특질로서 숲속의 요소가 서로 조화를 이루는 동시에 더 큰 전체 환경과 유리되지 않고 연결되어 있다는 인식을 말한다.

라. 적합성

적합성은 숲속에서 예측되는 개인의 활동 및 기능에 대한 것으로 숲의 특성이나 요구 등 제반 조건이 경험자의 목적이나 의도 등과 얼마나 부합되는가에 대한 인식을 말한다. 경험자의 의도나 목적에 부합되는 숲은 경험자가 목적하는 활동을 도와주기 때문에 편안한 느낌과 치유 효과를 유발한다.

네 가지 치유 특성을 갖춘 숲을 접하면 인간의 심리와 신체에 누적된 긴장이 완화되는 경험이 발생한다. 치유경험은 네 단계의 심리적 변화를 유발하는데, 첫 번째는 숲에 무의식적으로 집중하면서 머리가 맑아지는 단계로서 잡다한 생각들이 천천히 없어진다. 두 번째 단계에서는 숲탐방 경험자의 고갈된 집중능력이 다시 재충전된다. 세 번째 단계에서는 내부의 잡념이 없어졌기 때문에 마음속 깊이 있었던 생각들을 다시 정리하게 되며 평정심이 향상된다. 마지막 단계는 경험자 자신의 인생에 대한 성찰로서 인생의 목표나 중요성 등에 대한 깊은 사색 등이 포함된다.

3. 숲의 보건휴양기능

　지속되는 산업화사회 속에서의 경제 우선 정책과 도시의 인구집중으로 인한 생활환경의 악화는 국민소득의 향상과 여가시간의 증가와 함께 삶의 가치관이 양에서 질로, 물질 쪽에서 정신 쪽으로 변화되고 있다. 따라서 이를 충족하려면 숲의 쾌적성이 크게 높아져야 한다. 정신건강을 유지하고 증진하는 숲의 보건기능은 단독적이기보다 휴양기능을 포함하는 개념이다.

　보건휴양은 단지 육체의 건강뿐 아니라 정신적 안정에 관련된 것도 포함한다. 울창하고 건강한 숲속에는 오염되지 않은 맑고 깨끗한 공기와 인체에 유익한 물질이 살아 숨 쉬며, 인체에 이로운 물질을 공급하는 여러 식물이 자라고 있다. 또한 철 따라 변하는 숲의 구조적 특성과 성장 기작으로 환경을 조절함으로써 생활환경을 정화시키고, 인간의 오감과 상호작용하여 정신적으로나 육체적으로 건강하게 한다.

　보건휴양기능은 숲이 근본적으로 인간에게 제공하는 기능이다. 숲의 독특한 기후는 인간의 물리적·정신적 휴양에 이바지한다. 숲은 도시나 농지에 비하여 기온변동이 적고, 상대습도가 비교적 높으며, 풍속이 낮고, 공기가 맑다. 특히 숲속의 공기에는 약효가 있는 방향물질(피톤치드)이 있다. 숲은 소음이 적으며 자유로운 출입이 가능하고, 대면적이기 때문에 활동적이고 다양한 운동을 할 수 있으며, 도시에서 경험할 수 없는 것을 제공하며 자연과의 접촉과 동식물의 관찰을 가능하게 한다.

　최근 정신적·신체적 건강을 증진하기를 원하는 사람들이 숲을 찾는 빈도가 크게 증가하고 있다. 말기암 환자가 숲에 살면서 마음을 비우고 자연음식을 먹어 암이 완전히 치료되었다는 기적의 소식도 가끔 듣는다. 그래서인지 장성의 편백숲에는 환자들이 아침에 올라가서 하루 종일 머물다가 저녁에 내려오는 사람들이 많아졌다고 한다.

　산림욕은 육체적 건강뿐만 아니라 스트레스 해소 등 정신적으로도 안정되는 효과가 있어 어린이부터 노인에 이르기까지 손쉽게 즐길 수 있는 국민 건강증진법이다. 차분한 빛과 색은 심신을 편안하게 하는데, 특히 녹색은 사람의 눈에 가장 편안한 색이며 생리적으로 온화한 느낌을 주므로, 눈에 보이는 숲은 건강에 이로운 영향을 미친다. 그러나 숲이 주는 치유효과는 분명히 있더라도 개인의 차이가 있고, 또한 욕심과 번뇌를 버리는 것이 다른 치유의 길이다.

그림 9-1 산림욕으로 가장 유명한 장성 편백숲

4. 숲에서 나는 건강물질

건강에 미치는 숲의 효능은 나무가 자라는 과정에서 상처부위에 침입하는 박테리아로부터 보호하기 위해 나무 스스로 내뿜는 살균, 살충효과의 물질인 피톤치드의 역할이 크다. 피톤치드는 1943년 레닌그라드대학의 토킨교수가 처음 소개하였는데, '식물'이란 뜻의 'Phyton'과 '죽이다'라는 뜻의 'Cide'를 합쳐서 만든 용어로, 수목이 만들어 발산하는 휘발성물질로서, 주성분은 테르펜(terpene)이라고 하는 유기화합물이다. 테르펜은 식물체 안에서 생성되고 이소프렌(C_5H_8)을 구성단위로 하는 물질로서 정유와 수지의 대부분을 이루고 있다.

가. 정유(精油)

1) 성상 및 용도

나무의 가지나 잎을 자르면 수종마다 특유한 냄새가 나는데, 이 향기성분이 정유이다. 정유는 나무의 종자, 꽃, 잎, 줄기, 뿌리, 열매 등 특정 부위에 다량으로 존재하며, 동일한 종과 속에 속하는 수목의 정유성분은 구성성분의 종류, 조성 및 함량이 거의 유사하다. 그러나 기후나 풍토 또는 수확 시기에 따라 성분의 조성 및 함량에 차이가 있다. 정유는 휘발성인 일종의 기름성분으로서 테르펜(terpene)계 화합물, 지방족 고리화합물 및 방향족화합물을 함유한다. 침엽수 정유는 조성이 비교적 단순하여 테르펜계 탄화수소가 주요 성분이나, 활엽수 정유는 여러 화합물의 복잡한 혼합물로 구성되어 있어 수종마다 독특한 향기를 발산한다. 정유의 종류는 세계적으로 520여종이 알려져 있으며, 식물학적으로 분류하면 57과에 이른다.

2) 정유의 함량 및 구성성분

소나무잎 정유는 총 29종의 테르펜 성분으로 구성되어 있으며, 주성분은 α-pinene과 camphene이다. 소나무림에서 방출되는 테르펜의 종류는 모두 휘발성이 강하고 분자량이 작은 모노테르펜류이며, 잎 정유에 가장 많이 함유되어 있는 α-pinene의 방출량 역시 높아 산림욕 효과에 크게 기여한다. 국내 소나무과 7종에 대한 잎 정유함량은 평균 1.06%(0.40~3.49%)로서 구상나무가 가장 많으며(표 9-1), 활엽수 잎의 평균 정유함량 0.22%(0.13~0.42%, 표 9-2)의 5배나 된다(이천용, 1999).

표 9-1 소나무류 잎의 정유함량

수종	정유함량(%)
구상나무	3.49
전나무	2.88
잣나무	1.08
소나무	0.70
반송	0.64
낙엽송	0.45
리기다소나무	0.40

표 9-2 활엽수 잎의 정유함량

수종	정유함량(%)
누리장나무	0.42
아까시나무	0.25
차나무	0.23
사철나무	0.21
대추나무	0.21
만병초	0.20
상수리나무	0.17
이대	0.13

그림 9-2 정유가 많이 들어있는 편백숲(통영)

3) 대기 중의 정유 방출량

지구상의 식물이 방출하는 정유를 주체로 하는 탄화수소의 양은 연간 약 1억 7,500만 톤으로 추정되고 있다. 북반구에 생육하는 침엽수림으로부터는 3~5kg/일/ha, 활엽수림으로부터는 2kg/일/ha의 테르펜류가 대기 중에 방출된다. 수목에서 방출되는 향기성분량은 수목이 함유하고 있는 정유함량에 비례하며, 정유함량이 높은 수목은 방출량도 많다.

4) 계절별 · 시간별 방출량

산림대기 중에 방출되는 피톤치드의 양은 상록침엽수가 10ppb, 활엽수 및 낙엽침엽수는 3~5ppb로서 상록침엽수가 2배 이상 많다. 계절별로는 봄이나 가을보다 여름에 상대적으로 방출량이 많은데, 특히 낙엽활엽수와 낙엽송은 잎이 붙어 있는 시기에 비해 잎이 떨어진 11월에 방출량이 급감한다. 따라서 숲속 공기 중의 휘발성 테르펜량도 봄부터 증가하여 기온이 상승하는 여름에 최대치에 달한다(이천용, 1999). 겨울에는 잡초와 관목층이 고사하기도 하고, 눈으로 덮여 있어서 테르펜은 침엽수에서만 나오는데 여름철의 1/2~1/8 정도이다.

시간별로 보면 침엽수나 활엽수 모두 기온이 상승하는 정오 무렵에 방출량이 최대치에 달하여 아침저녁의 2~3배에 상당한다. 기온이 높아질수록 발산량이 많아지는 것은 당연하지만, 공기 유동이 빨라져서 상대적으로 느끼는 강도는 약해진다. 또 나무들이 빽빽할수록 외부로 빠져나가기 어렵고, 깊은 숲일수록 피톤치드 효과가 크다. 침엽수나 활엽수를 막론하고 테르펜 물질이 한낮 기온이 높을 때 많이 발산되나 쾌적감을 함께 고려하면 아침부터 한낮까지가 산림욕에 적당한 시간대이다(이천용, 1999).

5) 수고별 방출량

방출되는 테르펜량은 수종에 관계없이 수고별로 다르다. 나무의 높이에 따라 테르펜의 농도가 달라서 지상에서 2.5미터인 곳의 농도는 지상 1.5미터나 지표보다 높다. 유카리숲에서는 바람의 영향이 적은 경우에 상당량의 테르펜이 지상에 쌓여 다른 식물의 발아와 잡초생육을 억제하며, 이를 타감작용(alleropathy)이라고 한다. 잎이 많이 붙어있는 수관이 지표면 또는 줄기부분보다 월등하게 높은 방출량을 나타내고 있으므로, 산림욕은 서서 하는 것이 좋다(표 9-3).

표 9-3 수고별 방출 테르펜량(단위 : ppb)

수종	소나무			신갈나무		
성분/수고	0.5m	1.5m	2.5m	0.5m	1.5m	2.5m
α-pinene	5.41	4.46	5.67	3.49	2.89	4.59
camphene	4.69	1.49	4.98	1.36	0.17	1.06
β-pinene	-	0.37	0.54	0.12	-	0.44
sabinene	0.06	1.08	0.68	-	1.51	0.12
⊿3-carene	0.10	-	0.11	-	0.15	0.27
myrcene	-	0.90	0.05	-	0.11	0.67
terpinene	0.14	-	0.07	-	-	0.05
limonene	0.40	0.05	0.18	0.05	-	-
총 테르핀량	6.91	9.74	12.70	5.07	6.00	7.93

(자료 : 이천용, 1999)

그림 9-3 테르펜이 풍부한 호주 시드니국립공원의 유카리숲

6) 기상 지형과 정유발산

피톤치드는 휘발성으로 대기 중에는 많지 않지만 바람은 테르펜 발산에 크게 작용하며, 바람이 강하거나 많으면 발산량이 증가한다. 기온이 높은 날은 낮은 날에 비하여 테르펜의 발산량이 많다. 녹색식물의 잎 조직 안과 밖의 기체교환은 기공을 통해서 일어나고 있는데, 기공의 개폐는 맑고 기온이 높으며, 바람이 있는 날에 활발하기 때문이다. 일사량[햇빛]의 많고 적음은 구름의 양에 따라 달라지는데, 맑은 날은 일사량이 많아서 발산량이 많아진다. 또한 숲속으로 들어오는 빛의 양을 조절하는 임관의 울폐도(crown closure ratio)가 높으면 숲속의 공기가 숲 밖으로 확산되지 못하므로 테르펜 농도가 증가한다. 숲속은 숲 가장자리보다 농도가 높지만 숲속으로 50미터만 들어가면 테르펜 농도가 일정하다.

습도가 높은 날은 발산량이 적으나 숲 안팎의 공기교환이 활발하지 않아서 숲속의 테르펜 농도는 오히려 높을 수 있다. 경사진 곳에서는 산 중턱이 테르펜의 농도가 가장 높다. 한편 냇가, 계곡, 호수 주변은 날씨가 흐리더라도 다른 곳에 비해 습도가 높은 곳이므로 테르펜의 발산량이 많고 농도도 높다.

결론적으로 테르펜은 임목성장이 왕성한 봄철과 녹음이 짙은 여름철의 기온이 높고 맑으며, 바람이 불고 상대습도가 높은 한낮에 활발히 발산되므로 이때가 산림욕에 적합한 시기이다.

7) 효능

침엽수 잎 정유는 목재부후균과 수목병원균 등 진균류에 광범위한 생장억제 효과가 있는데, 특히 편백 정유는 낮은 농도에서도 생장억제 효과가 우수하다. 소나무와 잣나무 정유는 황색포도상구균, 연쇄구균, 대장균, 효모에 우수한 활성을 보이는 반면, 고초균과 녹농균에 대해서는 매우 낮은 활성을 나타내어 뚜렷한 균주 선택성을 가진다. 편백 정유의 항균력은 진균류와는 달리 황색포도상구균을 제외한 세균 및 효모에 전혀 활성을 갖지 못하며, 소나무 정유는 강력한 항균력을 가진 hinokitiol의 1/5에 상당하는 항세균활성을 가지고 있는 것으로 알려졌다.

정유는 곤충에 대해 유인, 기피, 살충 등의 작용을 한다. 솔잎혹파리가 소나무의 정유성분인 nerolidole에 유인되고, 나무좀류가 침엽수의 수지성분에 유인되며, 뇌염모기는 썩은 자작나무의 고인 물에 함유되어 있는 성분에 유인되어 산란한다. 초피

나무나 유카리가 있는 곳에서는 모기가 덤벼들지 않는데, 이들 수종에는 테르펜계의 휘발성분인 모기 기피물질이 존재하기 때문이다. 유카리에서 분리한 모기기피물질 p-menthane류는 합성물질보다 훨씬 강한 활성을 나타내며, 편백, 노간주나무 및 육박나무 정유는 흰개미류, 바퀴벌레류에 대해 강한 기피성과 함께 살충성도 가지고 있는 것으로 알려져 있다.

테르펜의 의학적인 효과는 악취 제거, 스트레스 해소, 긴장 완화, 구충, 이뇨, 거담, 강장, 혈압강하 효과 등 다양한 효능을 가지며, 자폐증세가 있는 어린이나 우울증에 시달리는 노인들에게 자신감과 적극성을 갖게 해주고 여성들의 피부미용에도 특별한 효과가 있다.

사람의 스트레스 정도는 혈중 코르티솔(cortisol) 농도 변화를 분석함으로써 알 수 있다. 흰쥐에 전기로 자극을 가하면 스트레스를 받아 코르티솔 농도가 정상치의 15배

그림 9-4 가평 연인산 중턱 80년생 잣나무 숲길

이상 상승하는데, 전기 자극을 가한 후 침엽수의 정유가 자연 기화되어 있는 상자 속에 흰쥐를 넣으면 전기 자극만을 가한 흰쥐에 비해 코르티솔 농도가 급격히 감소하였다. 즉, 스트레스를 완화시키는 효과가 입증되었는데, 수종별로 보면 편백 53%, 잣나무 46%, 화백 32%, 소나무 19% 수준으로 스트레스를 감소시켰다. 즉, 편백에서 발산되는 테르펜 물질이 스트레스 해소에 가장 효과가 있는데, 편백숲은 남부지방에만 분포하므로 제한적이고, 중부지방 이북에는 잣나무숲이 스트레스 해소에 가장 적합한 숲이다.

8) 음이온 생성

공기 중에는 양이온과 음이온이 있는데, 양이온은 해롭지만 음이온은 자율신경을 진정시키고, 불면증을 없애고, 신진대사를 촉진하며, 혈액을 정화하고, 세포의 기능을

그림 9-5 고양 서오릉 소나무숲길

강화하며, 얼굴색을 아름답게 한다. 결국 건강이 좋아지므로 수명이 연장된다. 음이온은 활엽수림보다 침엽수림에 더 많다. 숲속 공기에는 도시에 비해 7~28배 많은 음이온이 포함되어 있으므로 울창한 숲은 다른 어떤 환경에 비교될 수 없는 자연 건강 휴양처를 제공한다.

5. 산림 관리

도시에서 멀리 떨어진 지역에서는 휴양지의 인근 숲이나 사람들이 많이 방문하는 곳의 주변 숲(예 : 전망대, 수려한 자연경관, 강변)을 휴양림으로 지정하되 방문자수, 접근성, 자연경관, 휴양시설, 제한인자 등을 조사하여 1급지와 2급지로 분류한 후 관리하는 것이 합리적이다. 접근성에 있어서 당일 휴양의 경우 도보나 차량으로 평균 30분이 걸리고, 주말 휴양의 경우 약 1시간이 걸리는 곳은 1급지로 할 수 있다. 또한 공공교통수단의 편리성은 특히 노약자에게 큰 영향을 미치며 도로망 연결의 유무, 휴양림 내의 산책로망과 자전거도로망의 밀도와 상태도 휴양림관리의 중요한 인자이다.

기후, 지형다양성, 산림구성(분포, 영급, 수종) 등도 휴양림 급지 분류에 많은 영향을 미친다. 휴양림 내 기존 도로와 시설물은 휴양림의 경계구분과 급지 선정을 용이하게 한다. 한편 휴양을 제한하는 인자는 급경사지, 늪지, 황무지, 모기와 같은 해충의 서식지 등 자연조건의 부적합성, 공해(먼지, 가스, 소음), 휴양을 제한하거나 못하게 하는 자연보호지역 등이다.

가. 원칙

숲의 건강증진효과를 높이기 위한 산림관리방법은 치유물질을 풍부하게 하고, 아름답고 사람이 편안하게 다가갈 수 있도록 관리해야 한다.

1) 테르펜 발산량이 풍부한 숲

가지치기, 수고조절, 수관조절 등 숲 가꾸기 방법은 테르펜의 발산효과를 좌우할 만큼 숲의 기능에 큰 영향을 줄 수 있다. 건강증진을 위한 숲가꾸기는 임목 생장시기나

그림 9-6 고흥 봉래산 편백숲에 배치한 의자

리듬을 잘 고려하여 적용하여야 한다. 산림에 테르펜 등 건강물질이 풍부한 시기는 수목생장이 왕성할 때이다. 즉, 생장량이 많으면 많을수록 테르펜의 함량이 많다는 뜻이다. 이러한 조건을 만족시키려면 임목밀도를 낮추고 생장을 촉진시키는 숲가꾸기를 해야 한다. 또한 나무의 가지와 잎이 무성해야 하므로 가지치기를 높게 하지 않는다. 침엽수의 가지치기는 수명이 거의 다한 가지를 대상으로 실시한다.

2) 숲을 아름답게 가꾸기

숲을 찾는 사람들에게 자연의 아름다움을 감상할 수 있도록 숲이 지닌 경관미를 높인다. 잣나무숲을 예를 들면, 잣나무가 주는 엄숙함, 장엄함, 정연성, 고전적 분위기를 강조하는 한편, 약간의 활엽수를 파격적으로 혼식하여 전체 산림미를 조화롭게 한다. 이를 통해서 계절적 변화와 수형미와 색에 의한 회화성이 잘 표현되어야 한다. 그러면 숲의 이미지를 받아들이는 감각기관이 신체 내부에서 반응할 때 긍정적으로 작용하여 심미의식을 고취시킬 뿐만 아니라 그로 인해 심신이 안정을 찾을 수 있다.

3) 인간구조에 맞는 숲 관리

숲이 지닌 건강증진효과를 최적으로 얻으려면 숲의 구조를 인간의 신체구조나 생리활동 특성을 감안하여 나무의 위치, 가지의 높이, 하층식생 등을 관리하여야 한다. 테르펜을 많이 흡입하는 것이 최적의 산림욕이라고 할 수 있으므로 침엽수 가지의 높이를 사람의 얼굴에 가까이 가도록 배치한다. 숲속에서는 이용시설에 따라서 사람의 행동이 변한다. 가령 산책로를 걸을 때와 산책로변 의자에 앉아 있을 때는 얼굴의 높이가 달라지므로 테르펜을 발산하는 나무 가지의 높이도 시설물의 여건에 따라 적절하게 조절한다.

나. 산림관리방법

숲가장자리는 휴양객에게 매우 중요하기 때문에 조림하거나 가꿀 때에는 특별히 유의한다. 숲의 내부도 주의하여 조성하고 가꾸는데 중요한 지역은 수로, 조망로, 놀이터, 쉼터 부근이다. 인구 과밀지역 주변의 숲은 건축물과 울타리 때문에 접근이 불가능하거나 휴양기능이 낮기 때문에 휴양시설을 숲 안쪽에 설치한다. 휴양기능의 증진과 보전을 위하여 숲가장자리에 활엽수와 관목류의 비율을 높게 조성한다. 특히 눈에 잘 띄게 꽃이 피고 가을에 단풍이 잘 드는 수종을 선정한다. 음지와 양지, 색, 형태의 다양도, 변화도 등을 고려한다.

여러 개의 층이 있고 밀폐된 숲은 휴양객들의 조망을 위하여 강하게 솎아베기를 한 후 부분적으로 공터나 전망대를 만들어 휴식 공간을 제공한다 활엽수혼합림인 경우 침엽수를 추가로 식재하여 다양한 숲으로 만든다 숲의 폭은 여러 층이 형성될 수 있도록 최소 15미터 이상으로 하되 양수와 음수를 함께 심는다 이상적인 숲의 구조는 그림 9-7과 같이 초본지역은 폭 1~5미터로서 가장자리에 위치한다 그 뒤에 폭 5~15미터의 초본 · 관목지대가 있으며, 이어서 관목과 아교목 혼합지대가 폭 5~15미터로 연결되며, 다음에 아교목과 교목으로 형성된 폭 8~30미터의 띠숲이 있는 것이다.

1) 관리 기준

① 노령림, 장령림, 유령림, 치수림, 나지가 한곳에 치중되지 않고 변화있게 배치한다.

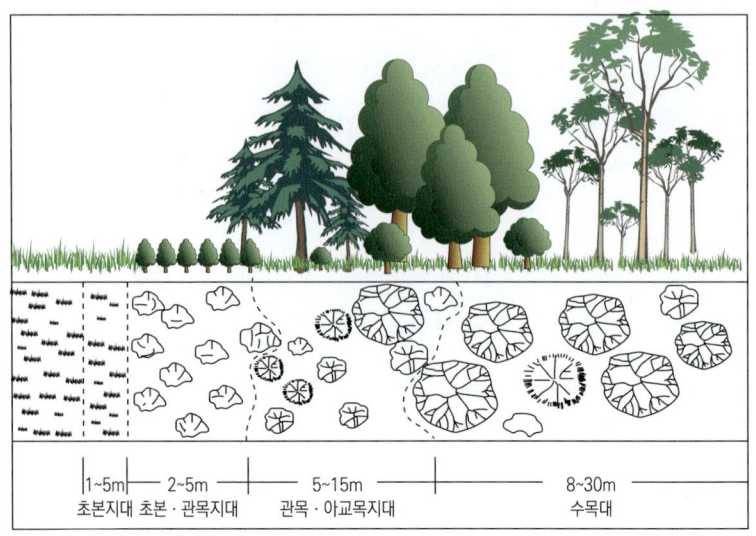

그림 9-7 상적인 보건휴양림의 숲가장자리 구조
(자료 : Gestaltung und Kartierung der Waldraender, Wiesbaden 1989)

② 단일수종보다 여러 수종이 어울려 혼합림을 이루고 혼합형태도 대군락, 소군락, 열로 심는 등 다양하게 한다.
③ 직경이 굵은 나무나 집단이 많이 있어야 한다.
④ 윤벌기가 길어야 한다. 즉, 휴양림에는 노령림이 많아야 휴양기능이 높다.
⑤ 단순림은 큰 나무 아래 작은 나무를 심거나 골라베기와 같은 방법으로 여러 층으로 유도한다.
⑥ 역사적인 산림경영 모델림은 보존한다.
⑦ 조림수종은 가능하면 향토수종을 선발한다.
⑧ 입지에 따라 작은 면적단위로 조성하며 갱신 벌채 시에도 모두베기는 하지 않는다.

2) 숲가꾸기 고려사항
① 벌채와 숲가꾸기는 휴양객이 적을 때 실시하여 안전사고를 방지하고 작업능률을 올린다.
② 벌채 후 가지를 치우고 나무를 모은 다음 조속히 산책로와 등산로를 정리한다.

③ 산책로 양쪽 숲의 가지를 정리하여 휴양객의 편리를 도모한다.
④ 눈에 띄는 획일적인 숲가꾸기와 약제를 이용한 산림작업은 피한다.
⑤ 비료나 농약 등은 가급적 사용을 억제하며, 비료는 대면적에 사용하지 않는다.

다. 다른 기능과 연관성

산림의 여러 가지 기능은 동일한 지역에서 발생하므로 기능간 마찰이 생길 수 있다. 이 경우 어떠한 기능이 그 지역에 중요한지에 따라 조림이나 휴양시설을 통하여 조정한다. 산림의 다양한 기능 사이의 생길 수 있는 마찰을 피하기 위한 방법은 다음과 같다.

① 휴양림 내 지정된 상수원 보호지역이나 수자원 보호지역에는 휴양시설을 설치하지 않는다.
② 침식이나 사태의 위험이 있는 곳은 휴양시설(예 : 산책로, 의자 등)을 설치하지 않으며, 이러한 곳을 피하기 위하여 휴양객을 다른 곳으로 유도하거나 다른 보호책을 마련한다.
③ 학술적으로 희귀하거나 멸종위기에 있는 동식물이 있는 곳은 휴양림에서 제외하고, 보호구역은 휴양시설을 먼 곳에 설치한다.
④ 소음방지림에는 장기체류하는 휴양시설을 하지 않는다.

The value of forest

제10장 대기 정화

1. 대기오염

　인류는 인구 증가, 환경오염, 자원고갈이라는 중대한 위기에 직면해 있다. 폭발적인 인구 증가로 2022년 현재 80억 명을 돌파하였고, 기하급수적인 증가에 따른 산림파괴와 산업발달은 환경오염을 유발하고 있다. 특히 생명과 밀접한 관계가 있는 대기의 질을 떨어뜨리고 있다. 2021년 KB금융그룹이 발표한 국내 소비자가 가장 심각한 환경 문제로 생각하는 것은 응답자의 38.3%는 '대기오염', 37.8%는 '기후변화 및 지구온난화'를 꼽았다. 이어 '생태계 파괴'(12.2%), '수질오염'(8.6%), '토양오염'(2.0%) 순으로 나타났다.
　세계보건기구(WHO)는 대기오염이란 대기 중에 인공적으로 배출된 오염물질이 존재하여 오염물질의 양, 농도, 지속시간에 따라 지역주민의 불특정 다수에 불쾌감을 주거나 공중보건상 위해를 주며, 인간이나 동식물의 생활에 피해를 주어 인간생활과 재산을 향유할 정당한 권리를 방해받는 상태라고 규정하며, 대기오염에 의한 연간 최대 사망자 수가 600만 명이라고 하였다.
　환경부가 정한 대기오염물질은 아황산가스, 일산화탄소, 이산화질소, 초미세먼지(PM2.5), 오존, 납, 벤젠 등이며, 최근 미세먼지는 인간의 활동을 크게 제약하는 인자이다. 미세먼지 오염도는 선진국보다 높은 편이며 황사나 스모그 등 주변 국가에서 이동하는 물질이 30~50%이며, 나머지는 국내에서 발생한 것이다(환경백서, 2022).
　환경부와 NASA는 2016년 5월과 6월 동안 한국에서 발생한 초미세먼지(PM2.5)의 52%는 국내에서 생성된 것이고, 32%는 중국 내륙에서, 9%는 북한에서 생성된 것으로 발표하였다. 초미세먼지 국내생성과 고농도 오존 발생에 큰 영향을 주는 물질로는 휘발성 유기화합물과 질소산화물이 지목됐다. 휘발성 유기화합물과 질소산화물 등이 결합되어 2차적으로 생성된 미세먼지가 많다는 뜻이다. 이 물질들은 인체에 악영향을 끼치는 대기권 내 오존농도를 높인다. 대기 중에 가스 형태로 배출되는 탄화수소류인 휘발성 유기화합물에는 페인트, 석유화학제품, 휘발유에서 나오는 톨루엔이 가장 많다.

국내 대기오염의 주 원인은 2000만 대가 넘는 자동차에서 배출하는 배기가스이다. 도로 1km당 자동차 대수는 선진국에 비해 2~5배가 많기 때문에 대기오염 배출량 중 일산화탄소의 62.9%, 질소산화물의 32.2%, 미세먼지의 10.6%를 차지하고 있다. 그러므로 자동차가 많은 대도시와 수도권의 대기오염농도가 훨씬 높은 실정이다.

공기가 나쁘면 폐질환뿐만 아니라 아토피와 같은 피부질환이 심해진다. 아토피 피부염과 관련된 대기오염물질은 미세먼지(PM10)와 총휘발성유기화합물(TVOC)이다 (환경부, 2013). 자동차 매연은 미세먼지, TVOC 등과 결합해 강력한 병원균이 되고, 이 균이 호흡기로 들어와 기관지와 폐의 점막을 자극해 피부염을 악화시키므로, 차량 운행량이 많은 대도시일수록 아토피에 걸리는 환자 비율이 더 높다고 하였다.

대기오염물질을 감소시키려면 오염물질의 배출을 규제하거나, 오염물질을 정화하여 내보내는 물리화학적인 방법이 일반적이다. 그러나 국토의 63%를 덮고 있는 숲을 활용한 자연적인 대기정화 방법은 최상의 기술이므로 대도시를 둘러싼 도시숲의 역할이 더욱 강조되고 있다. 도시 주변에 나무를 심어 울창한 숲을 조성하는 동시에 기존의 숲을 잘 가꾸어 숲의 자연 대기정화능력을 높이면 신선한 공기를 발생시켜 국민건강에 크게 이바지할 것이다.

2. 대기오염에 의한 산림 피해

자동차나 철강, 석유화학, 시멘트 공장에서 나오는 질소화합물이나 황화합물은 대기를 크게 오염시킨다. 고농도의 황화합물(SO_x)과 질소화합물(NO_x)이 산림에 미치는 영향을 보면 단기간에 잎이 변색되어 낙엽이 지는 등 급성피해가 발생한다. 저농도일 경우 잎이 서서히 황색으로 변하고, 엽량이 적어지며 생장이 떨어지는 만성피해가 발생한다. 피해 정도는 수종과 생육환경에 따라 다르지만 특히 피해를 받는 부분은 생리활동이 강한 잎이다.

잎의 변색과 낙엽 등 눈에 보이는 피해를 가시피해라 하며, 피해증상의 특징과 발생 부위는 오염물질에 따라 다르다. 한편 가시피해가 발생하기 전 광합성과 증산 등 수목

생리작용에 장애가 생기는 피해가 발생하는데, 눈으로 관찰할 수 없으므로 불가시 피해라 한다. 광합성은 탄수화물을 생산하여 바이오매스(biomass) 생산을 증진시키는 직접 수단이므로, 광합성이 낮아지면 가시피해가 발생하지 않아도 임목생장이 저해된다.

가스상 오염물질은 주로 기공을 통하여 잎으로 들어가서 수목에 피해를 주지만, 입상이나 액상오염물질은 잎 표면에 부착하여 빛의 차단 및 기공폐쇄로 인한 잎의 온도 상승을 촉진하여 광합성을 저해하거나 호흡 증가를 초래한다. 또한 액상오염물질은 표피조직을 파괴하고 양분용탈을 촉진한다. 액상물질인 산성비의 경우 장기간 영향을 받으면 수목에 직접 피해를 줄 뿐만 아니라 토양 산성화에도 영향을 준다. 결국 대기오염문제는 광역적이고, 장기적으로 영향을 미치므로 물질순환 등 생태계 관점에서 다루어야 할 것이다.

3. 대기오염에 의한 토양 및 수종 변화

도시에서는 고층빌딩과 아스팔트 때문에 데워진 공기층이 자동차 배기가스에서 나온 오염물질과 함께 도시 상공으로 올라가 머물게 된다. 오염물질로 가득한 뜨거운 공기층은 지표면 및 상공의 차가운 공기층 사이에 정체해 있으면서 하늘을 덮는다. 즉, 오염된 공기가 하늘 높이 확산되지 못하는 상태에서 옆으로 빠져나가 산림토양을 오염시킨다.

대기오염물질은 도심을 둘러싼 산림에 쌓여 나무의 정상적인 생육을 방해하여 식생이 변화된다. 서울 대모산의 경우 오염에 강한 팥배나무나 때죽나무가 군락을 형성하면서 관목류와 초본류 군락은 사라지고 토양도 산성화되고 있다.

때죽나무는 종자 생산력이 왕성하고 성장이 빨라서 오염이 심하거나 인간의 간섭이 강한 지역을 빠른 시간 안에 점유하는 특징을 갖고 있다.

빽빽이 들어선 나무들은 햇볕을 차단하여 숲의 여러 층 구조를 무너뜨려 신갈나무에서 팥배나무로 바뀌는 거꾸로 된 천이가 일어나고 있는 것이다. 우리나라 주요 산업단지 주변의 산지에서는 대기오염물질로 인해 나무가 말라죽고, 오염에 강한 참억새와 칡 등 단순한 종만 생존해 있다.

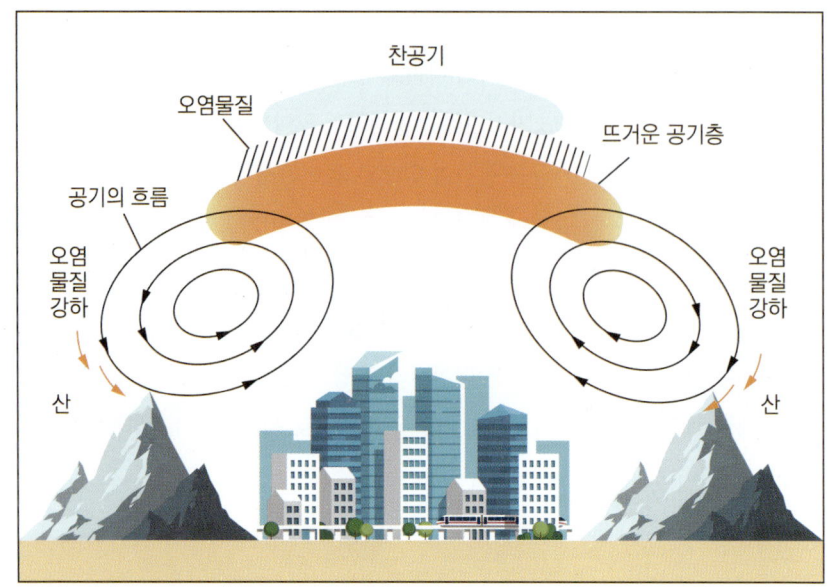

그림 10-1 공기에 의한 오염물질의 이동

그림 10-2 공해에 강한 때죽나무

4. 산성비 피해

대기오염이 심해지면 비가 내릴 때 오염물질이 비와 함께 지상으로 떨어진다. 비의 산도를 측정하여 pH 5.1 이하가 될 경우 이것을 산성비라고 한다. 산성비가 나무에 피해를 주는 경로는 두 가지이다.

첫째, 직접적인 피해경로인데, 나뭇잎에 pH 4.0 이하의 강산성비가 닿으면 잎 표면 왁스층이 파괴되어 상처가 생기고, 따라서 산성비가 잎의 내부까지 쉽게 흡수되어 식물의 광합성 능력을 크게 저하시킨다.

둘째, 산성비가 토양의 산성화를 통해 간접적으로 식물의 생체기능을 떨어뜨리는 것이다. 산성비가 토양에 스며들면 토양입자에 흡착되어 있는 칼슘, 마그네슘, 칼륨 등이 녹으면서 떨어져 나와 토양의 비옥도를 낮춘다. 서울 남산 소나무숲의 토양 pH를 조사한 결과 1988년 pH 4.4에서 최근에는 pH 4.0까지 감소하여 토양의 완충능력이 거의 사라진 상태이다. 서울 외곽의 우면산, 구룡산, 대모산의 토양 pH도 4.8~5.0으로서 건전한 숲의 pH 5.5보다 산성이 강하다.

토양이 강산성으로 변하면 물에 쉽게 용해되지 않는 알루미늄까지 녹아 나와 화학반응을 일으키면서 식물에 흡수되어 생장을 저해시키고, 뿌리의 질소흡수능력을 떨어뜨려 나무생장을 나쁘게 한다. 더구나 토양생태계의 순기능에 중요한 지렁이 등은 사라지고, 식물의 뿌리털에 공생하면서 양분을 공급하는 균류도 자취를 감춰 나무는 쇠약해지고 질병에 취약하게 된다.

5. 숲의 대기 오염 정화능력

나무에 의한 대기정화기능은 공장이나 도로 주변 녹지에 있는 먼지가 나뭇잎에 부착 되거나, 황산화물과 질소산화물 등 가스 상태의 오염물질이 잎에 흡착·흡수되는 것을 의미한다. 도시의 혼탁한 공기는 숲을 통과하면서 여과되고 정화된다. 농경지가 먼지를 흡착하는 능력을 기준으로 비교했을 때 잔디밭은 그의 2배, 작은 키 나무로 이루어진 관목숲은 20배 그리고 울창한 숲은 200배에 이른다. 먼지 수로 비교하면 공업지대는 숲에 비하여 250~1,000배 많고, 대도시는 50~200배 많다. 이것은 숲의 공기가 공업지대나 대도시에 비하여 50~1,000배 깨끗하다는 것을 의미한다. 공기 청정도 비교는 숲이 맑은 공기로 인하여 건강을 증진시켜 줄 수 있다는 중요한 지표이다.

2017년 국립산림과학원 연구결과에 따르면 도시숲이 도심보다 부유먼지(PM10)를 25.6%, 미세먼지(PM2.5)를 40.9% 저감한다고 밝혔다. 나뭇잎 등 식물 표면에 부유먼지를 흡착하고, 기공을 통해 대기오염가스를 흡수하여 대기질을 개선한다. 나무 한 그루가 연간 35.7g의 미세먼지를 흡수한다는 것이다.

숲은 광합성 작용을 통해 이산화탄소를 흡수하면서 사람의 호흡에 필요한 산소를 생산하고, 이와 더불어 대기오염물질을 흡수한다. 나무는 인간과 마찬가지로 숨을 쉬면서 이 땅에서 살아간다. 나무와 같은 식물들은 광합성을 하여 자신의 몸을 키워나가고 자기와 닮은 개체를 남기는데 필요한 씨를 만든다. 광합성을 위하여 뿌리에서 물과 필요한 여러 가지 양분들을 빨아들이고, 잎에서는 이산화탄소를 빨아들여 동화 산물을 만들고, 그 부산물인 산소와 물을 잎 밖으로 뿜어낸다. 즉, 이산화탄소를 흡수하는 과정에서 대기 중의 다른 오염물질을 흡수하여 대기를 정화한다. 이론적으로 식물은 1kg의 광합성물질을 생산하기 위하여 약 1.5kg의 이산화탄소를 흡수하고, 1.1kg의 산소를 방출한다. 평균 수고가 10m 정도 되는 1ha의 건강한 숲은 1년간 약 50명이 숨쉴 수 있는 산소를 공급하는 것이다.

가스상태 오염물질의 흡수량은 일정한 범위 내에서는 광합성량과 관계가 있기 때문에 나무의 대기정화능력은 일반적으로 광합성능력이 큰 식물이 많다. 또한 흡수량은 계절 변동, 빛의 변화량, 환경의 변화에 의한 식물체의 생리적 변동 등의 영향을 받는다. 광합성능력은 나무 종류에 따라 차이가 크므로 대기 중의 오염물질 흡수능력도 다르다.

독일의 경우 대기를 정화하는 숲을 극심 피해지역과 보통 피해지역으로 구분하는데, 극심 피해지역의 숲은 1급지로서 비교적 공해에 예민한 침엽수림이 최소한 $4km^2$ 내에 피해를 입었을 경우이다. 보통 피해지역의 숲은 위의 경우보다는 덜하지만 숲이 유독성 물질의 집중을 방지하는 곳에 있으면 2급지로 지정한다. 만약 어떤 지역이 1급지로 지정되면 이웃지역은 2급지로 지정하여 관리한다.

바닷가에 위치한 산업단지는 바람의 영향으로 대기오염도 일정한 유형을 갖고 있다. 낮에는 바다에서 육지 쪽으로 바람이 불고 밤에는 반대현상이 나타나기 때문에 공장이 가동되는 낮 시간대에는 대부분의 오염물질이 아파트로 날아들어 체감오염도가 높으며, 기압이 낮고 바람이 적을수록 심해진다. 1992년 경기도 시흥시 정왕동 일대는 서해에 인접한 시화공단과 바로 옆 신도시 사이에 높이 10m, 폭 200m, 길이 3.8km의 거대한 인공 언덕을 조성하고, 언덕과 주변에 소나무와 참나무 등 10만 그루의 나무를 심어 완충지역을 만들었는데, 언덕에 심은 나무가 생장하면서 오염원 차단효과가 증가하고 있다.

국립산림과학원은 2020년 시설녹지 내 수목식재지와 나지(호안블럭)의 미세먼지를 측정한 결과 3월에는 두 지역간에 큰 차이가 없었으나, 6월에는 수목식재지의 미세먼지 저감률이 나지보다 28.8% 높았다. 3월은 수목의 잎 생장이 시작하는 시기로 수목의 잎을 통한 미세먼지 흡착, 흡수가 활발하지 않아 수목의 미세먼지 저감효과가 크지 않았으나, 6월은 잎이 무성하게 자라면서 수목식재지 내부의 잎, 줄기, 가지에 미세먼지가 흡수·흡착되고, 지면에 침강해 나지보다 미세먼지 저감률이 더 높았던 것으로 조사하였다. 또 풍속이 낮아지며 대기가 정체되는 새벽 시간대에 수목식재지의 미세먼지 평균 저감률이 33.1%로 높게 나타났다. 그 이유는 미세먼지와 수목의 잎, 줄기, 가지와의 흡수 및 흡착 가능 시간이 길어지기 때문이라고 하였다.

그림 10-3 시화공단과 주거지 사이의 언덕과 녹지 조성 (자료 : 국립산림과학원. 2020.12.22. 보도자료)

6. 산림조성 및 관리

가. 수종 선정

대기오염이 심한 지역에서는 대기오염원을 줄이면서 동시에 오염물질을 정화시킬 수 있는 수종을 식재한다. 또한 이 숲은 자연파괴와 환경오염으로 야기되는 충격을 최소화하고, 사람들에게 심리적이고 심미적인 위안을 주며, 인공 환경에 있어서 자연스러운 느낌을 넓혀주는 역할을 해야 한다.

특정 지역에 나무를 심을 때 먼저 고려해야 할 사항은 그 지역의 토양과 기후에 적응해 온 향토수종이나 얼마나 잘 적응할 수 있는 수종인가를 판단한다.

다음은 원래 식재 목적에 적합한 나무인지를 고려한다. 특히 대기오염물질을 정화하는 나무는 대기오염에 대한 저항성이 크고 감수성이 낮으며, 생장기간이 오래 지속되며 생산성이 큰 교목이어야 좋다. 또한 지역의 문화적 또는 역사적인 배경과 잘 어울리고 경관이나 입지 특성 등 식재지역이 요구하는 다른 기능도 고려해서 수종을 선정한다.

나무는 대기정화능력이 높아야 하므로 낙엽수보다 연중 대기정화가 가능한 침엽수나 상록활엽수가 이상적인데, 수관은 두텁고 잎이 밀생하는 수종이 좋다. 대기정화를 고려한 식재수종의 조건은 다음과 같다.

① 대기오염물질 흡수능력, 즉 나뭇잎 표면의 가스 흡수력이나 분진 흡착력이 클 것
② 가스상의 대기오염물질에 의한 장애나 영향이 적을 것
③ 환경조건이나 나무의 생리적 변동에 의해서 흡수능력이 감소하지 않도록 생장이나 물질 생산력이 클 것
④ 지역기후와 풍토에 적합할 것. 도시에서는 척박한 토양, 일조량 부족, 빌딩바람 등 특수한 환경에 견딜 수 있어야 하며, 토지, 일조조건 및 건물용도 등 주변 건물의 특징을 고려할 것
⑤ 도시경관상 우수하고 도시민이 좋아하는 수종일 것
⑥ 이식과 유지관리가 쉬울 것
⑦ 시장성이 뛰어나고, 대량 사용할 경우에는 구입비가 싸고 공급이 잘될 것

앞의 여러 가지 조건 중에서 우선 고려할 사항은 앞의 세 가지이며, 오염물질 흡수 능력이 뛰어난 수종을 택하는 것이 바람직하다. 오염이 심한 곳에는 은행나무, 백합나무, 양버즘나무, 은단풍, 가중나무, 상수리나무, 졸참나무, 참느릅나무, 무궁화, 개나리, 수수꽃다리, 산수유 등을 식재한다.

오염이 적은 곳에는 느티나무, 팽나무, 오동나무, 배롱나무, 목련, 벚나무, 칠엽수, 회화나무, 감나무, 층층나무, 자두나무, 매화나무(매실나무), 박태기나무 등이 적당하다.

참고로 가로수로 식재된 수종은 양버즘나무가 가장 많고, 은행나무, 쥐똥나무의 순이다. 나무의 대기오염물질 흡수능력은 표 10-1과 같이 대체로 활엽수보다 침엽수가 우수하지만 기상이나 나무의 나이 등에 따라 차이가 있다.

표 10-1 주요 수종의 오염물질 흡수량(단위: g/본/년)

구분	능수버들	양버즘나무	은단풍	가중나무	은행나무	소나무	곰솔	잣나무	테다소나무
아황산가스 (SO_2)	12.4	6.2	14.0	50.3	21.0	20.2	28.3	31.7	29.3
이산화질소 (NO_2)	2.6	2.2	8.4	13.2	4.1	4.7	8.2	6.6	10.5
이산화탄소 (CO_2)	4,065	6,905	4,658	2,842	2,880	10,963	9,047	12,622	43,298

(자료 : 김은식 등, 1994)

그림 10-4 대기오염물질을 잘 흡착하는 은단풍(예천)

그림 10-5 서울 남산의 배롱나무

나. 수목식재

　수목 특성과 식재예정지의 일조 등 모든 환경을 고려해서 정화능력이 극대화되도록 상록수와 낙엽활엽수를 섞어서 식재한다. 중간키나무와 작은키나무는 여러 층으로 식재할 경우 큰키나무[교목]에 의해 그늘지기 쉽기 때문에 일조조건을 고려하면서 내음성이 강한 상록수를 식재한다.

　식재장소는 식물생장에 영향을 주지 않는 범위 내에서 대기오염원 근처에 식재할수록 효과적이다. 식물의 가스(gas)상 오염물질 흡수량은 식물생장에 영향을 주는 한계농도 이하에서는 오염물질농도에 비례해서 직선적으로 증가하므로, 오염물질이 대기 중에 확산되기 전에 발생원인 차도(車道)에서 가까운 장소에 식재하는 것이 바람직하다.

　오염농도는 숲의 중심으로 갈수록 감소하며, 수직적으로 볼 때 지표면에 가까울수록 감소하므로 임목밀도를 조절하여 하층식생을 잘 자라게 하는 것이 좋다. 녹색량이 많으면 대기정화 효과도 크기 때문에 가능한 한 넓게 식재한다. 임목축적이 증가하면 오염농도는 감소하며, 숲가장자리에 식생이 많고 나무가 크면 역시 효과가 있다.

　오염물질의 흡착분해는 주로 숲가장자리 임목에 의해 이루어지므로 효과적인 농도 감소를 위해 최소 숲의 폭은 30미터를 조성하고, 토양관리, 산림관리 및 병충해 방제를 병행하면 효과가 더욱 커진다. 그러나 산림의 대기정화능력에는 한계가 있다.

　일반적으로 대도시에서 배출된 황화합물을 제거하려면 3배 정도의 산림면적이 필요하다고 하는데, 이것은 폐쇄된 대기를 전제로 계산하였으므로 실제로 더 많은 산림이 필요하다.

다. 수목관리

　식재 후 수목은 양호한 생육상태가 유지되도록 관리해야 수종 고유의 대기정화능력을 발휘할 수 있다. 또한 수세가 항상 양호하면 대기오염과 병충해에 대한 저항성도 높아지고 산림의 공익기능도 향상되어 도시경관에 좋다. 풍부한 녹량을 확보하는 관점에서 경관상 혹은 실행상 문제가 생기지 않는 범위 내에서는 가지치기를 실시하여 수목의 생장촉진을 유도한다.

The value of forest

제11장 소음 방지

1. 소음의 정의 및 표시

소음은 진동, 악취 등과 같이 감각적으로 느끼는 공해 중의 하나이지만, 대기나 수질공해처럼 축적되는 것은 아니다. 즉, 소음은 발생부터 소멸까지 시간이 짧고 시간이 지나면 거의 잊어버리므로 다른 환경공해에 비해서 평가나 대책 또는 해결방법을 찾기가 간단하지 않다.

도시화 속에 생활이 복잡해지고, 교통량이 급속하게 증가하면서 사람들은 물질적인 풍요뿐 아니라 정신적·심리적인 안정 그리고 조용한 생활을 추구하게 되었으며, 이에 따라 소음에 대한 관심과 소음공해에 대한 피해의식도 갈수록 높아지고 있다. 환경부(2002)에 따르면 도로 주변 교통소음 피해 노출인구가 전 국민의 52.7%인 2,700만 명이라 하였다.

소음이란 '듣는 사람이 원하지 않는 소리'를 말한다. 원하는 소리인가 또는 원하지 않는 소리인가는 사람의 주관적인 판단에 좌우되는 경우가 많아서 어떤 소리가 소음인가를 정확히 설명하기가 곤란하나, 큰 소리, 불쾌한 소리, 충격성 음, 음악이나 음성 청취를 방해하는 소리, 주위의 집중이나 작업을 방해하는 소리, 휴식이나 수면을 방해하는 소리 등이 포함된다.

소리의 강약은 음파의 진행방향에 직각인 단면을 단위시간에 통과하는 에너지의 양으로 결정되나, 범위가 아주 넓어서 표현하기가 어렵다. 그래서 소음을 표시할 때는 음압레벨, 즉 음의 강도기준이라는 의미로서 데시벨(decibel)로 나타낸다. 데시벨(dB)은 레벨을 10배한 값이고, 레벨은 어떤 물리량의 기준량과의 비에 상용대수(log)를 취한 값이다. 일반적으로 건강한 사람이 들을 수 있는 최소 음압과 최대 음압의 범위는 0~140dB이다. 각종 환경소음의 크기와 음압레벨의 차이를 인간의 감각적 크기로 나타내면 표 11-1과 같다.

주변이 시끄럽다는 것은 배경소음과의 차이가 5dB 이상인 경우이고, 그 차이가 10dB 이상이면 아주 시끄럽게 느껴진다. 보통 사무실은 50dB 이하가 좋으며, 회의실이나 응접실의 경우는 40dB 이하가 되어야 방해되지 않는다. 수면이 방해되는 소음의 크기는 낮인 경우 55dB 이상이고, 밤에는 40dB 이상이다.

표 11-1 환경 소음의 크기와 영향

소음 크기(dB)	음원의 예	소음의 영향	비고
20	나뭇잎 부딪히는 소리	쾌적	
30	조용한 농촌, 심야의 교외	수면에 거의 영향 없음	
35	조용한 공원	수면에 거의 영향 없음	WHO 침실기준
40	조용한 주택의 거실	수면깊이 낮아짐	
50	조용한 사무실	호흡·맥박 수 증가, 계산력 저하	환경기준 설정선(주간)
60	보통의 대화소리, 백화점 내 소음	수면장애 시작	
70	전화벨소리, 거리	TV·라디오 청취방해	공사장 기준
70	시끄러운 사무실	정신집중력 저하, 말초혈관수축	
80	철로변 및 지하철 소음	청력장애 시작	작업장 기준
90	소음이 심한 공장 안	난청증상 시작, 소변량 증가	
100	착암기, 경적소리	작업량 저하, 단시간 노출 시 일시적 난청	

(자료 : 국가소음정보시스템)

2. 소음의 영향

환경정책기본법에서는 도로변 주거지역의 낮과 밤의 소음기준을 65~55데시벨 이하로 규정한다. 환경연감(2020)에 따르면 우리나라 도로변 주거지역의 소음은 대전을 제외한 5대 도시 모두 환경기준치보다 약간 높은 값을 보이고 있으며, 세계보건기구(WHO)가 권장하는 주거지역의 소음기준인 낮과 밤의 45~35데시벨과 비교하면 소음공해가 심각함을 알 수 있다.

소음은 사람에게 직·간접적인 영향을 준다. 시끄러운 직장에서 일하는 사람이 난청이 되는 것은 직접적인 영향인데, 처음에는 일시적으로 귀가 들리지 않게 되나, 시끄러운 장소에서 떨어져 있으면 청력은 자연히 회복된다. 그러나 충분히 회복되지 않았을 때 다시 소음에 오랫동안 노출되어 있으면 결국 청력을 회복할 수 없다. 즉, 직업성 난청이 여기에 해당한다. 한편 소음 때문에 TV나 오디오 소리를 잘 들을 수 없다거나 소음이 커서 시끄럽다고 느끼면 직접적인 영향이라 할 수 있다.

간접적인 영향은 소음원과 사람의 관계, 다른 환경조건 혹은 건강상태나 정신상태 등의 조건에 따라서 크게 좌우된다. 소음이 계속되면 불쾌감, 휴식이나 수면 방해, 작업이나 정신집중 방해 등이 오고, 소음이 더 커지면 두통, 위장장애 등 신체에 영향을 준다.

소음의 영향은 그 형태에 따라 달라지며 소음을 듣고 있는 사람이 어떠한 상태에 있느냐에 따라 달라질 수도 있다. 소음이 클수록, 고주파수 성분이 많을 때, 지속 시간이 길수록 영향을 더 받는다. 그러나 지속적인 소음보다는 연속적으로 반복되는 소음과 충격음에 의한 영향이 더 크다.

소음에 대한 민감성은 건강상태, 성별, 나이 등에 따라 다른데, 환자나 임산부는 건강한 사람보다 영향을 더 받는다. 또한 남성보다는 여성이 그리고 노인보다는 젊은이가 소음에 민감하다. 사람이 노동하고 있는 상태보다는 휴식을 취할 때나 잠을 자고 있을 때 소음의 영향이 더 크다. 소음을 많이 듣는 상태, 즉 소음에 익숙하거나 만성적인 사람은 웬만큼 큰 소음에 대해서는 생활에 크게 영향을 받지 않는다. 그러나 소음은 무의식적으로 심신에 부담을 주며 청력감퇴를 초래한다.

3. 소음방지림 조성 및 관리

소음은 근본적으로 없애거나 줄일 수 없으므로 소음차단 시설을 해야 한다. 소음원과 주거지 사이에 숲이 있다면 환경이 쾌적해지고 동시에 전달되는 소음도 줄일 수 있다. 즉, 소음이 숲을 통과할 때 나무에 부딪힌 소리는 모두 지상으로 내려오므로 거리에 비례해서 자연감소 소음을 제외하고 소음을 감소시킨다. 숲의 소음감소량을 산림 내 30미터 지점에서 측정한 결과 자연 감음(減音)을 제외하고 수종에 관계없이 약 8데시벨 정도이다. 수고가 높을수록 방음효과가 커지는데, 수고 20미터의 숲은 10미터의 숲보다 40% 정도 더 감음한다.

임목밀도는 산림의 방음기능을 좌우하는 가장 큰 요소이다. 감음효과가 큰 숲은 임목밀도가 높고 지하고가 낮은 숲, 임목밀도가 비교적 낮고 지하고가 높아도 하층식생이 많은 숲, 주임목은 밀도가 낮고 지하고가 높아도 부임목과 하층식생이 상당히 많은 숲 등이다. 결국 임목밀도가 낮고 지하고가 높은 숲에서 관목류가 적으면 폭이 20미터라도 감음효과가 거의 없고, 소음원과 같은 방향으로 줄지어 식재한 조림지도 감음기능이 떨어진다. 또한 유기물층은 푹신푹신하여 일반 포장도로는 물론이고 초지보다도 소리를 흡수하는 기능이 뛰어나다.

  소음방지림을 조성하려면 10데시벨 이상 감음할 수 있도록 해야 한다. 도로 양쪽에 침엽수 띠숲을 조성하고 중앙분리대에 키가 큰 침엽수를 식재한 결과 나무가 없을 때보다 자동차소음의 52%, 트럭소음의 30%가 더 감소되었다는 연구결과도 있다.

  연중 방음효과가 있으려면 활엽수보다는 상록수가 좋다. 띠숲은 되도록 소음원에 가깝게 배치해야 하며, 숲의 폭이 넓을수록 감음량도 많아지므로 적어도 30미터 이상 되어야 한다. 띠숲 폭을 넓게 할 수 있는 공간이 있으면 숲가장자리에 꽃나무나 활엽수를 심어 경관을 아름답게 한다. 또한 폭 30미터의 띠숲을 설치할 수 없는 경우에는 소음원에 가깝게 생울타리를 조성하거나 식재밀도를 높이면 상당한 방음효과를 얻을 수 있다.

  숲의 상층은 수고가 높은 나무가 좋고, 중층은 여러 층을 이루되 수직적으로나 수평적으로 밀도를 높여 소음이 통과하지 않도록 관리한다. 상층만 있는 임지는 중층과 하층에 나무를 식재하고, 만약 그것이 어려우면 양쪽 숲 가장자리에 하층식생을 충분히 조성한다. 이때 성토하여 지반을 높이고 그곳에 띠숲을 조성하거나 사철나무, 쥐똥나무 등으로 생울타리를 만들면 효과가 커진다. 그러나 자연 감음을 제외하고 10데시벨 이상의 감음효과를 얻기 어려우므로 도로변에 방음시설, 즉 콘크리트벽 등을 설치하고, 동시에 수고 10미터 이상의 나무밑에 중간키나 작은 나무를 조성하면 방음효과가 커진다(그림 11-1).

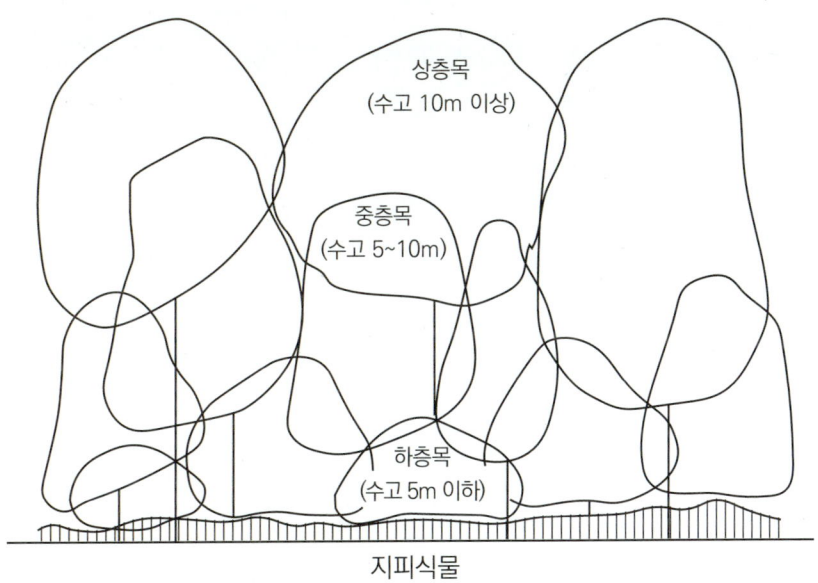

그림 11-1 이상적인 소음방지림 배치

그림 11-2 활엽수 아래에 조성한 개나리군락으로 소음 감소

그림 11-3 서울 도심 종묘 내부의 여러 수관층을 가진 활엽수

그림 11-4 도로변과 인접한 서울 홍릉수목원의 숲

그림 11-5 부산 도심에 있는 수영공원의 곰솔

그림 11-6 서울 강남 한복판의 선정릉 숲

제11장 소음 방지

The value of forest

제12장 어류의 서식지 어부림

1. 해안 생태계

해안은 모래, 뻘, 자갈, 암반으로 구성되어 있으며, 육상과 해양 생태계를 연결하는 중요한 지역이다. 그중 모래해안은 바람과 파도로 인해 모래가 쉽게 이동하므로 해조류와 같은 부착식물과 굴착동물이 살아가기 어렵고, 육지 토양에 비해 유기물공급이 제한되어 식물생장에 필요한 영양공급원이 부족하기 때문에 출현하는 생물종수와 생물량이 비교적 적다. 열악한 환경조건을 가진 모래해안에 사는 생물들은 독특하지만 취약한 생태계를 형성하고 있으므로 쉽게 사라질 수 있다.

모래해안의 생태계를 결정하는 주 요인은 모래입자의 크기와 해수의 영향(침수 시

그림 12-1 남해 상주 모래해안과 숲

간)이다. 모래해안은 해수 침수 정도에 따라 연중 거의 해수에 잠겨 있는 조하대, 조석에 의해 주기적으로 노출되는 조간대, 만조 시에도 해수의 영향을 직접 받지 않은 내륙연안으로 구분한다. 그러나 동일한 지역(예를 들면, 조간대)이라 할지라도 모래입자 크기와 침수시간이 달라지면 해안생태계도 변할 수 있다. 해안선 부근은 파랑 등에 의해 변화하는 불안정한 장소이므로, 서식하는 생물종도 수심이 있는 지역과 비교하면 특이한 것이 많다. 입자 크기가 작은 모래해안은 모세관 현상에 의한 함수율이 높기 때문에 입자 크기가 굵은 모래해안보다 생물다양성이 높다.

모래해안은 생물의 서식지 제공, 조류 및 어류 등의 먹이섭취 장소, 치어 성장 장소, 산란장의 역할을 한다(김종덕 등, 2005). 모래해안에 서식하는 동물은 대체로 소형이다. 모래해안의 만조선 이하에 서식하는 해양동물은 방게, 엽낭게, 달랑게, 개맛, 맛조

그림 12-2 대표적 염생식물 해당화

개, 백합, 동죽, 큰구슬우렁이, 갯우렁이, 비단고둥, 개량조개, 떡조개, 집갯지렁이 등이 있다. 초본식생대와 배후지를 중심으로 서식하는 육상동물은 장지도마뱀, 큰조롱박먼지벌레, 개미지옥, 날개날도래 등이 있다. 또한 해안선 부근에는 어류의 발육단계 중에서 치자어기에 서식하는 어종이 많은데, 그 이유는 대형 포식자로부터 안전하고 산소가 풍부하기 때문이다. 한편 모래해안을 산란장으로 이용하는 생물은 바다거북이 대표적이고, 제비갈매기와 같은 바다새가 있다.

모래해안의 배후에는 열악한 환경에 견디는 해안식물이 생존하고 있다. 해안 식생은 육지토양에 비해 유기물 공급이 적으므로 식물생장에 필요한 양분이 부족하다. 해안으로 밀려온 해조류와 서식 동식물로부터 양분이 공급되기도 하지만, 그 양은 절대적으로 부족하다. 우리나라의 대표적인 염생식물은 갯그령, 갯잔디, 갯방풍, 갯메꽃, 모래지치, 통보리사초, 좀보리사초, 띠, 순비기나무, 해당화 등이다.

2. 어부림의 역할

어부림(漁付林, forest for fish shelter)은 물고기떼를 끌어들이기 위하여 간만의 차가 적은 바닷가에 나무를 심어 이룬 숲이지만, 방풍(windbreak) 및 방조(防潮, tide-water protection forest)의 기능을 함께 갖고 있기 때문에 해안지대의 환경보전에 상당히 중요하다. 산림을 과도하게 벌채하여 황폐하게 되면 어획량이 격감하지만, 숲이 울창하면 깨끗한 물을 공급하고, 물고기의 먹이가 되는 플랑크톤의 생육에 필요한 양분을 공급할 뿐만 아니라 토사유출도 방지하여 어패류의 생장환경을 보호하는 역할을 한다. 따라서 수령이 오래된 나무가 많으며 심지어 마을의 수호신인 당목의 역할까지 하는 문화적 요소도 갖추고 있다. 대표적인 어부림은 남해 물건 어부림과 보길도 예송 어부림이다.

가. 남해 물건 어부림

경남 남해군 삼동면 물건리에 있는 이 숲은 약 300년 전에 전주 이씨 무림군의 후손들이 정착하여 생활하면서 지형적 결함을 보완하기 위해 인공적으로 바닷가를 따라 길이 900미터, 폭 30미터로 조성한 낙엽활엽수림이다. 나무 높이는 10~15미터이며,

큰 나무 약 2,000그루와 작은 나무 약 8만 그루가 있다. 숲의 상층은 팽나무, 푸조나무, 상수리나무, 참느릅나무 등이 우점하고, 하층은 보리수나무, 동백, 광대싸리, 윤노리나무 등이 있다.

　바닷가에 숲이 그늘을 주면 도미나 멸치가 해안으로 몰려들어 번식을 많이 하고, 그로 인해 고기가 잘 잡혀 이곳은 남해에서 가장 부유한 마을이었다고 한다. 19세기말 이 숲을 벤 후 폭풍을 만나 마을이 큰 피해를 입게 되면서 숲을 해치면 마을이 망한다는 이야기가 전해 내려오게 되었고, 그 후로 지금까지 숲은 잘 보호되고 있다. 심지어 일제시대에는 일본인들이 총개머리판으로 쓰려고 벌채하려고 했을 때 주민들이 나를 대신 쏘라고까지 하면서 숲이 망가지는 것을 막았다는 일화도 있다.

　숲밖에서 보면 왼쪽으로 길게 늘어뜨린 숲을 보호하기 위한 철책이 있고, 오른쪽에는 숲과 그 속의 집이 함께 있다. 숲에는 큰 공간이 있어 멀리 바다가 보이며, 큰 나무 아래 천연기념물 150호, 물건 어부 방조림이라는 표지석이 있다. 비석 뒤쪽의 큰 나무는 마을사람들이 사랑포구나무라고 부르는 팽나무로서 할머니 나무이고, 바로 옆의 나무는 이팝나무로서 할아버지 나무라고 부르는데, 이들 모두 신목으로 마을사람들의 사랑을 받고 있다.

　신목으로 대표되는 고목의 토착신앙적인 명칭은 포구나무(폭나무), 당산목, 당목 등이 있는데, 포구나무는 팽나무를 의미하며, 이 나무에는 신령이 깃들어 있다고 믿고 있다. 따라서 나무를 베면 재난을 당한다고 하여 아예 나뭇가지 하나도 자르지 못하게 하였다. 대신 기도나 치성 등 제사를 지냄으로써 복을 빌고, 전염병이 만연할 때에는 예방을 기원하였으며, 득남을 빌기도 하였다. 활엽수 중 신체가 되는 것은 느티나무나 팽나무가 많은데, 아마 가장 오래 사는 나무이기 때문일 것이다.

　할머니 나무라고 부르는 팽나무는 느릅나무과이며, 낙엽성의 큰키나무로서 미태나무, 포구나무, 폭나무, 평나무 등으로 불린다. 키는 20미터까지 자라고 나무껍질은 회색이며, 가지는 일년생이 녹색, 이년생이 갈색을 띤다. 담황색의 꽃은 5월에 피고, 열매는 9월에 열리며, 갈색으로 크기와 색깔이 팥과 비슷하며, 아이들이 먹기도 한다. 추위와 바람에 잘 견디며 소금기가 있는 토양에도 잘 살므로 바닷가에서도 많이 볼 수 있다.

　할아버지 나무인 이팝나무는 남부지방에 자라는 낙엽지는 큰키나무로서 오래된 나무는 아주 드물다. 고유수종이며 대개 단독으로 서 있다. 꽃이 활짝 피면 쌀밥을 그릇에 담아 놓은 것 같이 보여 이밥나무가 이팝나무로 변한 이름이라고 한다. 나무의 꽃이 가지마다 다닥다닥 활짝 피면 풍년이 들고, 드문드문 피면 가뭄이 들어 흉년이 된다는 속설 때문에 이 나무가 쌀밥을 먹고, 못먹는 것을 점쳐준다고 하여 이팝나무라는 이름이 붙었다고 한다. 꽃이 피는 시기는 남쪽에서 못자리를 내는 시기와 같아서 수분이 많으면 꽃이 활짝 피고, 가물면 꽃이 잘 피지 않는다는 것이 오랜 경험을 통하여 알게 되었다. 그래서 이팝나무가 꽃필 때는 풍년을 기원하는 간절한 마음이 자연스럽게 당목으로 발전하게 되었다. 안타깝게도 할아버지 나무는 최근 몇 년 사이에 강풍을 만나 가지와 윗부분이 모두 날아가 버리고, 직경 60센티미터, 높이 3미터 정도의 몸통 속은 텅 비고 몇 개의 가지와 잎만 붙어 있다.

마을 사람들은 이 나무들을 조상이 물려준 유산이라 잘 지키려고 노력하고 있으나 벼락에 맞고 폭풍에 가지가 부러지고 병충해의 공격을 받아 점차 쇠락하고 있다. 나무 활력을 촉진하기 위해 비료를 주었지만 오히려 연약해져 가지가 부러지는 결과를 초래하기도 하였다.

그림 12-3 해안을 따라 조성된 남해 물건 어부림

그림 12-4 물건 어부림 숲 안

나. 완도군 보길면 예송 어부림

완도군 보길면의 예송리 해변은 모래 대신 검은 자갈로 덮여 있고 그 뒤로 수백 년 된 상록수림이 천연기념물 40호로 지정되어 있다. 약 300년 전 마을 사람들이 농작물 보호를 위한 방풍(防風) 목적으로 심었다고 하며, 어부림의 특성도 가지고 있다. 숲의 길이 700미터, 너비 30미터이며, 15종의 상록수와 8종의 낙엽수가 섞여 있다. 특산수종으로 모밀잣밤나무, 구실잣밤나무, 가시나무류, 생달나무, 까마귀쪽나무, 동백나무, 광나무, 돈나무, 우묵사스레피나무, 후박나무, 섬회양목 등이 있고, 낙엽활엽수로는 팽나무, 졸참나무, 꾸지뽕나무, 작살나무 등이 있으나, 동백나무, 후박나무, 특히 곰솔이 크고 눈에 띈다.

30미터 너비의 검은 자갈밭을 안고 있는 상록수림은 맨앞줄의 아름드리 곰솔이 바다 쪽으로 기울어져 있다. 곰솔의 수령은 50~100년생으로 그 가운데 큰 나무 하나는 당산목으로서 음력 섣달 그믐날에는 마을과 바닷일의 안녕 그리고 풍어를 기원하는 제사를 지낸다. 주민들은 또 음력 4월 12일에는 해신제를 올려 바닷일의 무사를 기원한다. 그리고 음력 정월 초하룻날 숲 앞 바닷가에서 제사를 받지 못하는 영혼을 위해

그림 12-5 해안에 늘어선 완도 예송 어부림

그림 12-6 도로와 바닷가 사이에 있는 완도 예송 어부림

제12장 어류의 서식지 어부림

한 사람 한 사람 앞에 제상을 차려 명복을 빈다고 한다. 숲 가운데 보리밥나무의 덩굴은 아주 굵고 다른 나무를 타고 높게 자라고 있어 경관적 가치와 어업상의 이용 가치가 높다. 마을 사람들은 보리밥나무를 뻘쪽으로, 송악을 구슬나무로, 멀구슬나무를 오징깨나무로 호칭하고 있다.

보길도는 기후적으로 난대림에 속하므로 당연히 상록활엽수림이 많아야 함에도 상층은 곰솔, 하층은 상록활엽수 맹아림으로 구성되어 있는데, 옛날 보길도 주민들이 목재를 생산하기 위해 과도하게 벌채했기 때문이다. 산림벌채가 중단되면서 곰솔 밑에는 상록활엽수 2차림이 형성되었다.

다. 일본 홋카이도 에리모곶 어부림

에리모는 홋카이도의 가장 오지에 있으며 태평양을 바라보고 있다. 바다에는 약

그림 12-7 일본 홋카이도 에리모곶 (자료 : 홋카이도 관광 웹사이트)

7km에 걸쳐 암초가 발달해 있는데 확 트인 전망지로 유명하다. 암초에서 자라는 다시마를 채취하기 위해 18세기부터 사람들이 본토에서 이주해 왔는데, 인구가 증가하면서 겨울철 강풍과 매서운 추위를 견디기 위해 울창했던 숲에서 떡갈나무, 오리나무, 버드나무 등을 벌채하여 연료로 사용했다. 결국 200헥타르의 숲은 사라지고 비가 올 때마다 흙이 쓸려 내려가고 흙탕물이 바다로 유입되면서 해저에 쌓여 다시마와 성게채취가 불가능하게 되었다. 어부들은 생존에 위험이 닥치자 숲을 원래대로 복구하는 것이 최선이라고 생각하고, 1953년부터 곰솔과 떡갈나무를 심기 시작하여 1999년에는 황폐화된 면적의 89%에 이르는 170헥타르를 다시 숲으로 만드는데 성공했다. 숲이 조성되자 더 이상 바다로 흙이 유입되지 않아 바다속이 다시 살아났고, 숲에서 흘러나온 영양분을 공급받아 살던 해조류가 다시 번성하였으며, 다시마를 먹고 사는 성게도 크게 번식하여 생산량이 증가하였다. 숲과 강과 바다는 독립적인 것이 아니라 하나의 유기체로 이어진 자연이며, 숲이 있어야 바다도 건강하다는 것을 알게 한 예이다.

3. 어부림 관리

어부림은 바람이나 파도 등의 기후영향으로 한 번 훼손되면 복원하기가 어렵고, 오랜 세월이 필요하므로 되도록 자연상태의 건강한 숲이 되도록 최소한의 관리가 필요하다. 예송리 어부림을 예로 들면 현재 곰솔이 가장 많고 그 다음 참식나무, 까마귀쪽, 생달나무, 구실잣밤나무 등 상록활엽수림이 차지하고 있는데, 그것은 인공적으로 곰솔을 식재하고 방치한 결과 곰솔 아래에 상록활엽수가 들어와 형성된 것이다. 자생수종인 상록활엽수림으로 회복하려면 맹아에서 나온 나무들을 크게 생장할 수 있도록 유도하고, 빈 곳에는 후박나무와 황칠나무 등을 식재하며 곰솔은 점차적으로 베는 것이 좋다. 이곳은 기후가 온화하고 강수량도 풍부하여 나무가 잘 자라고 있지만, 최근 관광객 증가에 따른 산림훼손이 심각하므로 이에 대한 대책이 필요하다.

The value of forest

제13장 사막화 방지

사막화란 토지가 전부 모래만 있는 사막뿐만 아니라 건조한 지역에서 가끔 내리는 강우에 의한 토사의 침식·유출이나, 자연적으로 생육하고 있던 식물 종류의 감소 또는 토지에 염분축적 등을 포함하여 식물이 생육할 수 있는 범위가 감소하는 현상이다. 유엔사막화방지협약(UNCCD)은 '사막화가 기후변화 및 인간활동 등을 포함하는 여러 요인에 의하여 건조(arid), 반건조(semi-arid), 건조 반습윤(dry sub-humid)지역에서 일어나는 토질저하 현상'이라고 정의하였다.

지구의 사막화는 세계 인구의 약 1/5, 지구 육지면적의 약 1/4에 영향을 미친다. 유엔환경계획(UNEP)에 의하면 세계적으로 금세기 초에는 매년 6만km^2가 사막화되었으나, 현재는 남한 면적과 같은 10만km^2가 사막화되고 있다고 한다. 사막화의 원인은 다양하고 복잡하지만, 크게 두 가지로 나눌 수 있다. 즉, 기후변화에 의한 자연적 원인이 약 13%이고, 인간행위에 의한 인위적 원인이 약 87%이다.

자연적 요인은 기후변화에 의한 강수량의 감소, 건조 및 한발, 강풍 및 풍식, 수식, 토지의 척박화, 자연식생의 손실 등이 있으며, 인위적 요인은 과개간, 과개발, 과방목, 남벌, 부적절한 물이용 및 물소비 등을 들 수 있는데, 대체로 한 가지 요인에 의해서가 아니라 여러 요인이 복합적으로 작용한다.

사막화 현상은 지표의 형태, 토양양분 및 염분함유상태, 지표의 식생, 생태계의 구조 및 기능 등에 큰 변화를 주고, 환경악화에 막대한 영향을 끼친다. 건조한 지역에 비가 오지 않으면 더욱 건조해지고 농작물을 재배할 수 없으며, 식수뿐 아니라 가축에게 줄 물도 적고, 풀이 적게 자라므로 목축에 의한 수입이 줄어들어 사람마저 떠나버리고 토지는 점점 황량하게 변한다. 몽골의 대표적 사막인 고비사막 한가운데 자민우드 마을도 비가 오지 않는 날이 많아져 유일한 생계수단인 방목을 할 수 없어 주민들이 점차 감소하고 있다. 그러므로 사막화는 지구환경의 악화뿐만 아니라 사막 주변 거주민의 빈곤 증가와도 밀접한 관계가 있다.

그림 13-1 몽골 고비사막 자민우드 마을에 쌓인 모래

사막화는 자연 파괴를 초래한다. 홍수위험지역을 만들고, 강이나 호소의 수질이 악화된다. 잘못된 관개기술은 거대한 호수에 물을 공급하는 강을 점점 건조하게 만들고, 부족한 강물은 오염원을 희석하지 못하므로 오염된 퇴적물과 물이 바다로 흘러내려가 바다를 오염시킨다.

숲이 불모지로 변하는 기간은 5년도 걸리지 않을 것이나 사막화 지역을 숲으로 복구하려면 적어도 30년은 필요하다. 그러므로 사막화가 진행되지 않도록 하는 것이 최선이다. 눈앞의 이익을 위해 과개간, 남벌, 과방목을 하면 땅은 점차 건조해지고 황폐해 진다는 사실을 알지만, 사막화지역에 사는 사람들의 삶이 획기적으로 변하지 않는 한 사막화는 계속될 것이다.

1. 사막화 확대

사막화는 지구 면적의 3분의 1에 해당하는 40억 헥타르에 직접적인 영향을 주고 있다. 가난한 100개국의 약 10억 명은 대부분 생계유지를 위하여 사막화지역에 산다.

아프리카는 전 면적의 46%가 사막과 건조한 땅이다. 미국은 국토의 30% 이상이 사막화의 영향을 받고 있으며, 라틴아메리카의 1/4과 카리브해 연안은 사막과 건조한 땅이다. 유럽연합 27개국 중 13개국이 사막화의 영향을 받고 있으며, 그중 스페인은 국토의 1/5이 사막화 피해를 입었다. 북미는 극심한 건조로 46%가 사막화의 영향을 받으므로 북반구도 사막화 위협이 증가하고 있다. 건조지역 농경지 52억ha의 약 70%는 지력 감소와 사막화에 시달리고 있다(이수광, 2009).

사막화는 지역 내의 정치적인 근원과 사회경제적인 문제들과 환경균형을 위협한다. 토지생산력 부족은 건조지역에서의 빈곤을 더욱 악화시켜 농부들이 더 비옥한 땅이나 도시로 이주하는 환경생태 난민을 낳았다. 사막화의 결과로 약 13,500만 명이 생태난민이 되었으며, 20년 내에 약 6,000만 명이 아프리카 사하라지역에서 북부아프리카와 유럽으로의 이동이 예상되고 있다.

1800년대 프랑스 낭만주의 작가 샤토브리앙은 '문명 앞에 숲이 있고 문명 뒤에 사막이 남는다'고 하였는데, 200여년이 지난 후에도 문명의 발달이라는 명제하에 인간의 욕심으로 숲을 개발하고 파괴하고 있다. 4대 인류문명의 발상지인 나일강, 메소포

그림 13-2 중국 내몽고의 우란부허사막

타미아, 인더스강, 황하 유역에는 풍부한 수자원과 더불어 숲이 울창했다. 그러나 인류는 숲에서 연료와 건축재를 조달했으며, 숲을 개간한 비옥한 땅에서 농작물을 수확하여 먹는 문제를 해결하였으므로, 농업혁명의 발달은 필연적으로 숲의 파괴를 동반하였다. 찬란했던 나일 문명의 결과를 보자.

BC 7000년 전 사람들이 이집트의 나일강 유역에 거주한 후 BC 5500년 전부터 농사를 지었는데, 나일강 상류의 숲에서 공급한 유기물로 인해 토질이 비옥해져서 작물 수확량이 크게 증가하였다. 생산된 농산물은 무역을 왕성하게 하고 문명을 더욱 발전시켰는데, 숲은 울창하게 남아있던 로마시대까지 계속되었다. 농경문화의 발달은 인구 증가를 불러오고 늘어난 인구의 연료를 감당하기 위해 나일강변에 자라는 갈대 대신 상류유역의 숲을 벌채하여 숯을 만들었다.

또한 왕조의 권위를 높이려고 만든 피라미드와 스핑크스에 필요한 돌을 운반하기 위하여 나무를 벌채하였다. 한 개의 피라미드를 건축하려면 약 230만 개의 돌이 소요되었는데, 나일강변에서 채취한 개당 2톤 정도의 돌은 통나무를 돌밑에 깔고 밧줄로 묶어 운반하였다. 피라미드에 사용한 다른 종류의 화강암은 850km 떨어진 나일강 상류에서 채석한 후 뗏목을 이용하여 운반하였는데, 그때 엄청난 나무를 벌채하였다. 수백 년 동안 건축한 피라미드를 위해 수십만 헥타르의 숲이 사라진 것이다.

한편 나일강 하류의 숲은 로마와의 전쟁에 필요한 전함을 만드는데 사용되었으며, 나중에는 로마와 그리스에 숯을 수출하여 숲은 점점 파괴되었다. 나일강 상·하류의 숲이 모두 사라지면서 수해가 계속되고, 강우량이 감소하여 농경지에는 염분농도가 증가함으로써 과거의 비옥한 토지는 농사를 지을 수 없는 불모지로 변하고 말았다. 결국 로마시대 이후 700년 동안 지중해 연안을 제외한 전 국토가 사막으로 변한 것이다. 4대문명의 발상지인 나일강의 기적은 결국 숲의 파괴로 이어지고 문명 뒤에 사막이 남는 비극적인 결과를 초래했다.

2. 사막화 피해

가. 황사 피해

황사는 바람에 의하여 하늘 높이 올라간 모래먼지가 대기 중에 퍼져서 하늘을 덮었다가 서서히 떨어지는 모래흙을 말한다. 매년 봄철이면 어김없이 불어오는 황사가 최근에는 초겨울에도 불어와 초등학교 아이들의 등교를 막을 정도로 피해가 심하다. 중국과 몽골의 사막화가 진행되는 곳에서 발생한 모래와 흙먼지는 편서풍을 타고 우리나라에 침입하여 하늘을 뿌옇게 탈색시킨 후 일본까지도 날아간다. 특히 발원지가 건조할 경우 최악의 황사가 발생한다.

황사는 흙 입자로서 햇빛을 산란, 흡수하므로 하늘을 뿌옇게 보이게 하여 시정을 악화시킨다. 황사는 입자크기 2.5㎛ 이하의 미세한 것이 많기 때문에 호흡기에 침착되거나 눈에 들어가 장애를 일으킬 수 있다. 2002년 황사 발생 시에는 휴교사태(4,373개소), 항공기 결항(164편), 호흡기 질환자 및 농작물 피해가 발생하였다. 황사에 포함된 납, 카드뮴 등 유해중금속과 다이옥신의 농도는 평상시와 차이가 없었으나, 황사 발원지의 토양성분으로 인하여 철, 망간 등의 중금속 농도는 평상시의 2~10배가 높았다고 한다.

지금까지 관측된 최고 황사농도는 2010년 3월 20일 흑산도에서 측정된 m³당 2,712㎍으로서 기존의 최고치인 2006년 4월 8일 백령도에서 관측된 2,370㎍보다 20%나 높았으며, 황사경보 기준인 400마이크로그램의 7배나 되는 고농도였다.

황사가 오면 대기 중의 먼지농도가 평상시의 수십 배 높기 때문에 정밀기기에 들어가 오동작할 우려가 있다. 또한 가옥, 차량, 건물 등을 더럽히고, 식물의 잎의 기공을 막거나 잎에 쌓여 생장에 장애를 줄 수 있다. 한편 황사는 강수나 토양의 산성도를 중화시키고 해양생물에 필요한 영양분을 공급하는 역할을 하며, 대기의 복사과정에 중요한 역할을 함으로써 지구온난화를 감소시키는 작용을 하는 것으로 알려져 있다.

나. 황사의 역사

과거 사람들은 황사를 흙이 비처럼 떨어진다고 하여 우토(雨土) 또는 토우(土雨)라고 적었으며 흙비라고 불렀다. 삼국유사에 의하면 신라 21년(서기 173년) 2월에 '우토(雨土)'라는 표현이 최초로 등장하고, 백제 근구왕 5년(서기 379년) 4월에는 '우토경 일(雨土竟 日)', 백제 무왕 7년(서기 606년) 3월에는 '왕도우토량암(王都雨土量暗)'이라 하여, 황사 현상으로 인해 낮이 어두워졌다는 기록이 있는데 모두 봄에 나타났다.

고려시대에는 황사 현상을 오행(五行) 중에 흙으로 분류하였으며, 흙[土]은 오행의 중앙에서 만물을 생장시키는 근본이므로 농사와 매우 밀접한 관련이 있다고 해석하였다. 만약 흙의 기운이 불량하면 농사가 안되며, 지진과 흙비와 같은 이변이 생기고, 때로는 밤에 요기(妖氣)가 있고 벌레의 침입이 있으며, 소에 재앙이 든다고 생각하였다.

정종 7년 2월 계묘일에는 황색의 흙비가 내렸다고 하여, 황사의 색깔을 구체적으로 밝혔으며, 명종 16년(1186년) 2월 정해일에는 '눈비가 속리산에 내리어 녹아서 물이 되었는데 그 빛이 피빛과 같았다'고 하여 눈비에 포함된 흙의 색까지 기록하였다.

조선시대에는 황사 현상을 정확하고 자세하게 묘사하였다. 태종 6년(1412년) 2월 9일 '동북면 단주에 토우가 내리기를 무릇 14일 동안이나 하였다'라고 기록되어 황사 현상이 매우 길었음을 알 수 있다. 명종 5년 3월 22일의 기록을 보면, '서울에 흙비가 내렸다. 전라도 전주와 남원에는 비가 내린 뒤에 연기 같은 안개가 사방에 꽉 끼었으며, 기와와 풀과 나무에는 모두 누렇고 흰 빛깔이 있었는데, 쓸면 먼지가 되고 흔들면 날아 흩어졌다. 25일까지 쾌청하지 못하였다'고 하였다. 특히 전라도 지방의 경우 황사가 땅이나 건물, 식물 위에 먼지 형태로 건조하게 쌓여 있었으며 나흘 동안 황사 현상이 지속되었음을 알 수 있다(장영신, 2011).

다. 황사의 발원지

황사는 중국과 몽골 내륙 한가운데 건조하고 황폐한 지역에서 발생하는데, 멀리 떨어진 우리나라에 영향을 주는 시기는 발원지의 대규모 황사가 발생하는 봄철이다. 연

그림 13-3 중국 내몽골 지역 황사발원지의 모래폭풍   그림 13-4 피복물이 없는 농경지의 모래폭풍

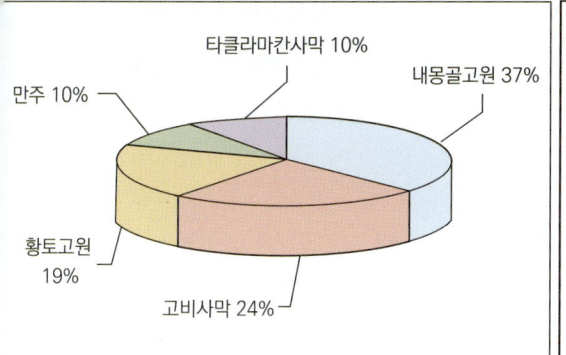
그림 13-5 황사의 발원지(자료 : 기상청)

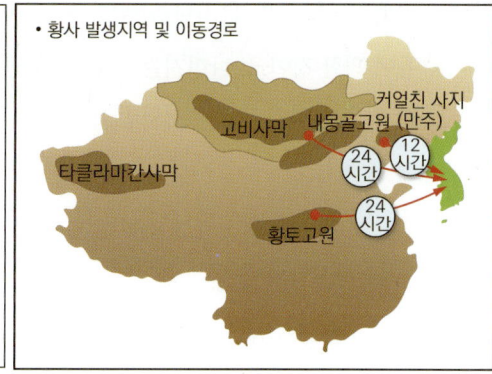
그림 13-6 황사이동시간(자료 : 기상청)

강수량이 400mm 이하의 건조한 지역에서는 과거 산림이나 초지를 농경지로 개간하였다가 버려두었거나, 겨울철 맨땅이 드러난 농경지에 건조한 날이 계속되다가 강한 바람이 불면 흙먼지가 공중에 뜬다. 발원지가 황폐하더라도 여름에는 비가 내려 흙을 촉촉하게 하고 가을까지 풀과 나무가 땅을 덮고 있으며, 겨울에는 땅이 얼어있어 모래먼지가 땅에 묶여 있지만, 봄에는 얼었던 건조한 토양이 녹으면서 공중으로 비산하기 쉬운 직경 20㎛ 이하의 모래먼지가 많이 발생한다. 황사 근원지에 눈과 비가 오지 않은 날이 많아지면 흙이 더욱 건조해지고 강한 상승기류나 소용돌이 등에 의해 공중으로 다량의 황사가 비산되면서 고도 5~7km 상공에서 편서풍이 강하게 발달하면 황사가 우리나라까지 날아 온다.

황사의 발원지는 그림 13-5와 같이 중국 내몽고 고원 37%, 고비사막 24%, 황토고원 19%, 만주와 타클라마칸사막이 각각 10%로서 내몽고 고원지대가 가장 심하며, 최근에는 만주지방에서도 발생하고 있다 우리나라는 황사 발원지인 내몽고의 고비사막으로부터 약 2,000km, 신강의 타클라마칸사막으로부터 약 5,000km 이상 떨어져 있어 황사가 도달하는데 1~3일 정도 소요된다(그림 13-6).

중국 북부의 사막화 지역의 토양은 3~5㎛의 미세먼지로서 풍화되기 쉬운 장석이 다량 잔류하고 있고, 탄산칼슘 등이 비교적 많이 함유된 알카리성 토양이다. 중국의 사막화 면적은 2014년 현재 261만km²로서 국토면적 960만km²의 27.3%를 차지하고 있는데, 이것은 20년 전 비율과 같다. 중국 정부가 다양한 사막화 방지사업을 추진하여 현재 매년 2,424km²씩 감소하고 있다고 하지만, 여전히 엄청난 면적이 사막화

지역으로 남아있다. 사막화 면적 중 174만km²는 과다한 목축, 산림벌채 등 인간의 활동에 의한 것이고, 나머지는 기후 등 자연 현상에 그 원인이 있다고 한다. 사막화가 심한 지역은 양자강 북부지역인 내몽고, 감숙성, 산서성, 협서성 그리고 청해지역이며 신장, 하북성이다.

라. 황사발생 증가

황사 현상은 이웃한 중국이나 몽골의 사막화 면적이 감소하더라도 앞으로 계속 심해질 것으로 예상된다. 특히 중국의 산업화와 인구폭발로 인한 토지의 오남용은 이러한 현상을 더욱 부추기고 있으며, 우리나라에도 점차 영향이 증대할 것으로 예상된다.

황사는 현지의 기상과 밀접한 관계가 있다. 강한 바람이 불지 않아도 황사가 기승을 부리는 것은 계속되는 가뭄과 급속한 기온 상승으로 황사 근원지 환경이 최악의 조건을 가졌기 때문이다. 바람이 강하게 불면 강도나 규모면에서 상상하기 힘든 황사가 올 가능성도 존재하고 있다. 최근에는 편서풍뿐 아니라 편북풍, 편동풍도 불기 때문에 이 지역의 황사도 영향을 주기도 한다.

우리나라의 황사 발생일수가 크게 증가하고 있는데 1991년부터 2020년까지 30년 동안 서울지역에 나타난 황사의 평균 발생일수는 9일로서 1990년 이전의 2~5일에 비하면 크게 증가한 것이다. 특히 2001년에는 28일이나 지속되었다. 계절별로 보면 최근 10년간 서울의 황사는 봄에 발생(66%)하는 비율이 높지만, 가을(18%)과 겨울(16%)에도 관측되고 있어서 과거 봄에만 불어온다는 관념에서 벗어나 여름을 제외하고 연중 발생하고 있다(기상청, 2021).

그림 13-7 2006년 4월 9일 북경의 황사(좌)와 이튿날 서울까지 날아온 황사(우)

3. 사막화 방지

황사는 수천 킬로미터 떨어진 사막화 지역에서 날아오는 흙먼지이므로 그 피해를 우리나라에서 방지하는 것은 불가능하다. 중국과 몽골 정부와 협력하여 발원지를 식물로 피복하는 길밖에 없다. 만약 발원지에 비가 자주 내려 흙이 젖어 있으면 바람이 세게 불더라도 흙이 공중으로 날아오르지 않겠지만, 건조 현상이 갈수록 심해질 것으로 예상되므로 강우에 의한 황사 억제는 기대하기가 어렵다.

황사의 발원지인 중국과 몽골의 황폐지는 식물로 피복시켜 황사를 방지한다. 그러나 식물의 도입과 지속적인 피복 그리고 생태적인 순환을 통한 황폐 건조지역의 복원은 상당히 어렵다. 에너지 구조를 개선하고, 인구 증가를 억제하여 토지에 대한 압박을 경감하며, 토양개량 등을 통해 사막화를 감소시켜야 할 것이다.

사막화를 방지하기 위해서는 지표면의 식생피복도를 높여 바람에 의한 흙날림을 억제해야 한다. 그러나 이곳은 강수량이 극히 부족하고 강수량보다는 증발량이 훨씬 높아 물부족현상이 극심하므로 식생을 도입하는 데 무척 신중해야 한다. 과거 초지였던 지역은 초지로 회복시키고, 산림이었던 곳은 산림으로 복원하고, 농경지는 작물을 재배할 수 있는 환경을 조성해야 한다. 이 중에서 초지로 피복하는 것이 가장 쉽고 비용이 적게 든다. 황무지를 숲으로 만드는 것은 비용이 훨씬 많이 들고 나무가 살 확률도 훨씬 적으며, 오랜 기간 동안 관리해야만 하므로 상당히 어렵다. 황무지를 농경지로 환원하려면 모래가 날리지 않도록 하는 것이 급선무이고 무엇보다도 관개시설이 필요하다.

첨단기술의 도입은 쉽지 않으므로 전통기술을 경제적으로 개량한 방법이 유효하다. 일반적으로 사막화방지 방법에는 나무를 식재하거나 초류를 파종하며 농경지와 방목지에 방풍림을 조성하는 생물학적 사구고정방법과 이동성 모래 분포지역에서 모래막이울타리를 조성하여 풍속을 감소시키고 풍식을 통제하는 물리학적 사구고정방법이 효과적이다. 지금까지 방풍림은 생장이 빠른 포플러를 주로 식재하고 있지만, 단일수종의 대면적 식재에 따른 병충해 피해, 포플러 다음 세대 수종 선정 등이 미흡하다.

조림에서 식재수종의 선정은 매우 중요하다. 혹독한 자연조건 하에서 넓은 면적에 심은 묘목을 장기간에 걸쳐 키워나가려면 가능한 한 적은 비용으로 인력이 적게 드는 방법이 필요하다. 우선 현지의 자연조건에 적응한 내건성, 특히 내염성을 갖춘 수종

그림 13-8 주요 방풍림 수종 신장포플러(중국 내몽고)

그림 13-9 사막을 지나가는 도로변의 모래고정(중국 내몽고)

을 신중히 선택해야 한다. 현지에 자생하는 관목을 되도록 많이 개발하여 수종의 다양성을 높여야 생태적으로 안정된다. 주민생활의 관점에서 잎이 가축의 먹이로 이용가능한지 혹은 과실을 식용으로 할 수 있는지 등 다목적으로 이용가능한 수종이 요구된다.

또한 초지 조성은 지역의 입지조건에 따라 인공으로 직접 풀을 심는 방법과 나무와 풀을 함께 심는 방법이 있다 풀을 직접 심을 경우에는 염류토양에 잘 견디고 생장이 빠른 초종을 선발해야 할 것이며, 후자의 경우에는 식생상호간의 생태와 조합방식을 충분히 고려한 조성기술이 개발되어야 한다 나무나 풀을 심은 후에는 반드시 울타리를 쳐야 사람이나 가축에 의한 훼손을 막을 수 있다. 울타리만 치고 방치해도 자연적으로 초류가 생장하는 곳도 있다(그림 13-10).

방풍림을 조성한 후 사이에 농지를 만들어 활용하려면 물은 가장 중요한 요소이며, 관정은 최우선 목표이다. 건조지에서 물은 귀중한 자원으로, 최소의 물을 사용하여 최대의 수확량을 올리는 효율적인 재배기술이 필요하다. 관개방법에 따라 물의 이용 효

그림 13-10 사막화지역을 초지로 복원하고 울타리 설치(중국 내몽고)

율은 다른데, 수로에서 고랑으로 끌어오는 통상의 관개방법보다도, 스프링클러에 의한 살수방법이 적은 양의 물로 소기의 목적을 달성할 수 있다. 또 파이프를 이용한 점적관수는 스프링클러보다 물 소비가 적지만, 염류에 의해 구멍이 자주 막혀 세밀한 관리가 필요한 것이 단점이다.

사막화 방지사업은 초기관리가 대단히 중요하다. 식재 및 초류 피복은 관리해주지 않으면 실패할 가능성이 높다. 몽골의 경우 방목이 주민의 생계와 밀접하게 관계되어 초지를 살리기 위해 심은 나무를 손상시키는 경우도 있다고 한다. 이를 방지하기 위해서는 보전관리에 대한 법적, 제도적 장치가 필요하며, 그 이전이라도 관리와 계도를 위한 전담관리자 배치가 필수적이다. 기술과 인력 그리고 예산이 고루 갖추어야 하며 무엇보다도 정부와 국민의 의지가 수반되어야 한다.

그림 13-11 사막화지역의 포플러 방풍림 조성(중국 내몽고)

그림 13-12 모래가 쌓인 언덕에 나무심기(중국 감숙성)

그림 13-13 중국 길림성 사막화지역의 생태복원

The value of forest

제14장 해안재해 방지

1. 지진해일과 해안침식

해안재해 중 가장 심각한 것은 지진 후 발생하는 일명 쓰나미[津波]라고 부르는 지진해일이다. 쓰나미의 '쓰[tsu]'는 '항구', '나미[nami]'는 '파도'를 의미한다. 이 용어는 1896년 6월 15일 일본 산리쿠 연안에서 발생한 지진해일로 22,000여명이 사망한 사실이 여러 나라에 전해지면서 세계 공통어로 사용하게 되었다. 지진해일은 지진 규모 7.5 이상일 때 파괴적으로 발생한다.

우리나라는 삼면이 바다에 접해 있어 지진해일로 인한 피해가 발생할 수 있다. 특히 동해는 수심이 깊고 지진이 자주 발생하는 일본에 인접해 있으므로 지진해일의 발생 가능성이 높다. 실제로 1983년 일본 혼슈 아키다현 서쪽 근해에서 진도 7.7의 지진이 발생한 후 1시간 36분 만에 우리나라 동해 임원항에 파고 2미터 이상의 쓰나미가 내습하여 인명과 재산피해가 발생하였다.

최근 발생한 세계에서 가장 큰 지진해일 피해는 2004년 12월 26일 인도네시아 수마트라 인근 해역에서 발생한 강력한 지진에 의한 지진해일이다. 진도 9.3의 지진 발생 30분 후에 인도네시아 아다남섬, 1시간 30분 후에 태국, 2시간 후에 스리랑카와 인도, 7시간 후에 몰디브와 아프리카 동부지역에 지진해일이 도달하였다. 이 지진의 규모는 1960년 칠레지진이 기록한 규모 9.5 다음으로 강력한 것으로 나타났다. 지진해일의 파고는 24m 이상을 기록하였고, 어떤 지역은 파고가 30m 이상이었으며, 평균 속도는 초당 13.7m이었다. 가장 많은 피해를 본 곳은 인도네시아였으며, 다음으로 스리랑카와 인도였는데, 사망자 283,100명, 실종자 14,100명, 난민 1,126,000명의 피해가 발생하였다(기상연구소, 2009).

그림 14-1 2004년 인도네시아 수마트라 반다아체의 지진해일 피해(기상연구소, 2009)

　우리나라는 언제 어디서 지진에 의한 해일이 몰려올지 모르는 상황이며, 더구나 해안지역 개발의 가속화로 인구가 집중되기 때문에 인명 및 재산 피해를 우려하지 않을 수 없다. 국립산림과학원이 우리나라의 지진해일 피해 예방을 위해 해안방재림의 규모(폭)에 따른 해일의 에너지 저감 시뮬레이션을 실시한 결과 모든 해안이 지진 해일에 노출돼 있다고 하였다.

　최근 해안지역의 무분별한 개발로 자연사구나 해수욕장이 파괴되고 더욱이 방파제나 간척지 조성으로 조류의 흐름이 바뀌어 해안의 모래가 없어지고 해안 가까이의 숲이나 농경지가 침식되는 현상이 서해안에 심각하게 발생하고 있다. 갯벌과 모래해변은 재해방지 완충역할을 하고 있으나, 배후에 적정한 규모의 숲이 있으면 바람의 세기와 방향을 조절하여 해안 파괴 현상이 감소한다. 그러나 완충 지역이 없는 곳은 파도가 직접 육지를 강타하여 해안에 가까운 농경지와 시설물에 피해를 주며 심지어 해안방재림을 파괴하여 나무가 죽거나 나무뿌리가 노출되는 등 심한 토양침식이 발생하고 있다.

그림 14-2 심한 파랑에 의해 파괴된 해안방재림(서천)

그림 14-3 해안에 방사제를 설치해도 계속되는 해안 침식(태안)

2. 해안방재림의 역할

해안방재림이란 해풍이나 파도, 모래날림 등으로부터 마을과 농경지를 보호하기 위해 해안에 조성한 숲으로서 방재기능뿐만 아니라 마을경관유지, 주민정서순화, 심지어 역사적인 배경까지 있어 문화적이고 사회적인 기능도 크다. 해안방재림은 숲을 이룬 나무들이 척박한 기후토양환경에 잘 적응하여 건전하게 유지·보전되고 있어야 방재기능이 커진다.

지진해일을 방지하려면 가옥이나 건축물이 바다에서 멀리 떨어져 있어야 하지만 현실적으로는 불가능하다. 차선책으로 바닷가에 지진해일 힘을 흡수할 수 있는 완충지역이 있어야 하는데, 그것은 해안의 모래언덕을 유지하고 배후에 있는 숲, 즉 해안방재림의 존재를 말한다. 해안방재림의 폭이 증가하면 해일에너지 감소율이 커진다. 해안방재림의 폭이 10m인 경우 7%의 에너지가 감소하고, 지진해일이 시속 780km로 내습하여 폭 60m의 방재림을 통과한다면 속도의 70%와 힘의 90%가 줄어든다고 한다.

2011년 3월 11일 일본 혼슈 센다이 동쪽 179km 떨어진 해역에서 규모 9.0의 지진이 발생하여 해안까지 파고 5미터 이상의 지진해일이 2시간 안에 도달하면서 큰 인명피해가 있었는데, 일본 센다이 공항 앞의 해안은 300여미터 폭의 해안방재림(그림 14-4)을 조성한 덕분에 다른 곳보다 훨씬 피해가 적었다는 결과에서 보듯이, 해안방

그림 14-4 일본 센다이 공항 앞의 해안방재림

재림은 지진해일의 에너지를 감소시켜 물의 흐름을 완화시키며, 부유물의 이동을 제어하여 시설물의 손실을 예방한다.

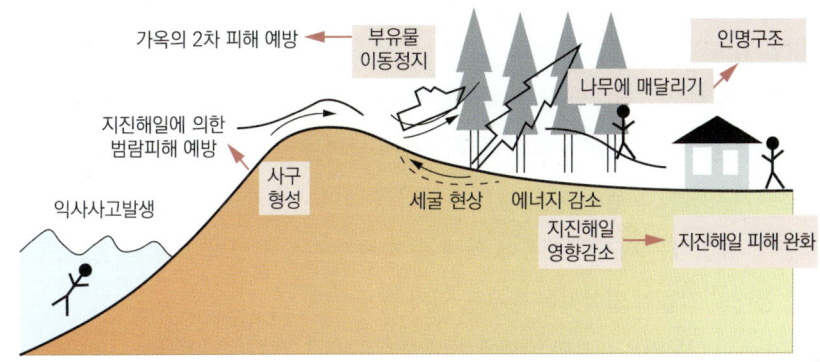

그림 14-5 지진해일 피해를 저감하는 해안방재림의 기능(자료 : 국립산림과학원)

표 14-1 지진해일에 대한 해안림의 기능과 효과

산림의 역할	기능	지진해일 피해저감효과
부유물 이동 방지	- 부유물 이동 억제 - 부유물이 주택을 덮치는 현상 예방 - 부유물에 의한 주택 파괴 완화	주택 피해 감소
지진해일 저항성 강화	- 산림의 지진해일 저항 - 지진해일 에너지 저감 - 범람지역과 해수침입 저감	범람 시 수심과 해수 침입 피해 감소
해안사구 형성	- 바람에 날린 모래를 포집하여 사구형성 - 자연방어책 - 지진해일 내습 감소	범람지역 감소
지지 수단 제공	- 사람이 나무에 매달림 - 지진해일에 의한 해수 범람 방어 - 익사 사고 예방	인명 구조

3. 해안방재림 조성

2020년 현재 우리나라의 해안림 면적은 약 1,500ha이며, 위락시설 개발로 인해 계속 감소하고 있다. 1980년과 2010년의 항공사진을 비교한 결과 해안방재림은 동해안 177ha, 서해안 87ha, 남해안 146ha가 각각 감소해 30년간 총 410ha 감소했다.

또한 우리나라의 해안방재림 평균폭은 동해안 52m, 서해안 69m, 남해안 29m로 지진해일에 의한 피해를 막기에는 크게 부족한데, 특히 남해안이 가장 문제로 나타났다. 또한 해안방재림으로 조성 가능한 면적도 224ha에 불과하여 지진해일에 대한 대비가 취약한 실정이다(산림청, 2011).

순식간에 밀려오는 거대한 해일 피해를 방지하기 위해서는 평소에 해안림을 건전하게 조성하고 관리하는 것이 중요하다. 해안에서 날리는 모래에 나무가 묻히지 않고 모래가 없어지지 않도록 관리하며, 나무가 바람에 넘어지지 않도록 튼튼한 숲으로 보전해야 한다. 해안림은 비사와 해풍에 의해 숲 자체가 손상을 입거나, 어린 숲은 모래에 묻히어 본래의 기능이 떨어지는 경우도 있기 때문이다.

바닷가 쪽의 나뭇잎은 비사와 해풍에 의해 상처를 받아 정상으로 발육할 수 없지만 육지 쪽 나무의 키는 앞 숲의 희생에 의해 크게 자랄 수 있다. 바다에서 가까운 쪽에는 키가 작은 나무를 심고 육지로 갈수록 점점 키가 큰 나무가 있으면 지표 부근의 모래 이동 억제에 큰 기능을 발휘한다. 숲의 앞쪽에는 갯보리, 갯쇠보리, 새, 솔새, 보리사초, 갯쑥부장이, 자귀풀 등 재래종 풀로 모래땅의 표면을 덮어서 모래가 숲속으로 들어오는 것을 방지한다.

그림 14-6 여수 방죽포 해안의 해안방재림

해안방재림은 곰솔 또는 활엽수를 하층목(下層木)으로 도입하는 다층림(多層林)이 좋다. 곰솔을 주 임목으로 하는 곳의 하층에는 염해에 강한 사철나무, 우묵사스레피, 다정큼나무, 동백나무, 붉가시나무, 소귀나무, 후박나무 및 감탕나무 등의 활엽수가 밀생하는 복층림을 조성하면 상당히 효과적이다(한국해안림연구회, 2006). 최초로 해안방재림을 조성하려면 곰솔숲이 가장 적당하며 초기 울폐도를 높이기 위해 ha당 10,000본을 식재한다. 이미 조성되어 있는 숲은 식재 후 8~10년이 지나면 가지 끝이 서로 맞닿아서 울폐되고 나무와 나무의 경쟁이 심해져 경쟁에 뒤진 개체는 고사하기도 하며, 밑가지가 죽기도 하여 수관층이 얇아져서 쇠약한 숲이 되므로 조림 후 10년 뒤 숲가꾸기를 하여 생육을 촉진하고 건전하게 만들어야 한다.

지면에서 최초의 가지가 난 부분까지의 높이를 지하고(枝下高)라고 하는데, 2미터를 넘지 않게 하려면 수고가 4미터에 도달하기 전에 솎아베기를 해야 하며, 헥타르당 5,000본이 남아 있는 숲에서는 수고가 5미터에 도달하기 전 다시 솎아벤다. 건전

그림 14-7 해풍에 의해 쇠약해진 곰솔숲(안면도)

그림 14-8 인위적으로 만든 울진의 해안방재림

한 숲을 유지하기 위하여 솎아베기는 필수적이나 해안 최전방에 있는 숲은 해풍의 피해를 받기 쉬우므로 폭 10미터 정도는 실행하지 않고, 3~4년 간격으로 가지치기를 하면 바람의 피해를 막을 수 있다. 해안방재림은 적어도 50~70미터 폭의 띠숲이 필요하다.

여름의 복사열과 소금이 섞인 바람 등으로 생육환경이 열악해진 해안방재림은 일단 파괴되면 다시 조성하는 데 시간과 예산이 크게 소요되므로, 기존 숲을 잘 보전하는 것이 자연 재해를 막는 최선의 방법이다. 따라서 사람이 많이 오는 숲은 안내판 등을 설치하여 홍보와 보전을 겸하고 지속적인 관리를 하며, 휴식년제를 부분적으로 실시하여 출입을 통제하는 것도 해안림 보전의 한 방법이다.

해안 가까이 있는 시설물은 되도록 높여서 건축하는 방안을 조속히 마련해야 할 것이다. 특히 새만금 지역처럼 갯벌의 완충효과를 없앤 곳은 숲의 조성이 시급하다. 왜냐하면 숲은 단시일 내에 조성되지 않고 적어도 30년은 기다려야 그 역할을 감당할 수 있기 때문에 잘 대비하고 조성하지 않으면 지진해일이 왔을 때 커다란 재앙이 우려된다. 한편 인위적인 해안 파괴나 바다구조물 설치에 따른 조류의 흐름은 해안림 보전의 필수적인 모래를 없애므로 자연순응적인 해안방재림 조성과 관리는 해안사구를 보전하고 지진해일의 피해를 경감하는데 큰 효과가 있을 것이다.

그림 14-9 새만금 지역의 해안방재림 조성

그림 14-10 해남 송호 해안림

제14장 해안재해 방지

The value of forest

제15장 홍수 예방

1. 홍수의 원인

지진, 산사태, 홍수 등과 같은 자연재해 중에서 가장 피해가 큰 것은 홍수로서, 우리나라도 최근 10년간 발생한 자연재해의 대부분이 홍수피해이다. 특히 1990년대 이후

그림 15-1 평소에는 말라있다가 집중호우가 내릴 때 생기는 제주 엉또폭포

대홍수가 빈번하게 발생하고 있다. 홍수란 '큰 물 또는 강물이 넘쳐흐르는 자연현상'으로, 하천이 범람하는 것과 배수불량에 의한 침수로 구분된다. 홍수피해는 기상, 지형, 사회경제적 요인에 따라 크게 달라진다. 최근에는 기후변화로 인해 예측할 수 없는 폭우가 내려 일시에 강으로 쏟아져 들어오는 홍수의 위험이 커지고 있다. 산지 상류유역을 숲으로 만든 국가들은 숲과 산림토양이 물을 저장하였다가 서서히 흘러 보내므로 홍수의 위험이 적지만, 숲이 없거나 도시 개발은 되어있지만 하수도 시설이 부족한 나라는 비가 조금만 내려도 홍수 피해가 발생한다.

가. 기상적 요인

홍수는 여름철 북태평양 고기압의 영향에 따른 장마와 태풍이 상륙할 때 오는 집중호우에 의해 발생한다. 집중호우란 시공간적 집중성이 매우 큰 비로, 급격한 상승기류에 의해 형성되는 적란운에 의해 짧은 시간에 비교적 좁은 지역(보통 10~20km^2)에 내리거나, 태풍이나 장마전선 그리고 대규모 저기압과 동반하여 2~3일간 계속되는 경우도 있다.

우리나라 연평균 강수량은 약 1,300mm로서 많은 비가 내리지 않지만 여름철에 전체 강수량의 55%인 720mm가 일시에 내려 홍수발생의 원인이 된다. 국지적으로 집중호우가 오는 지역은 남해안, 지리산 부근의 산청, 강화도를 중심으로 한 경기 북부, 대관령 부근의 산간과 제주도이다.

1년 중 7월은 태풍이나 장마의 영향으로 비가 가장 많이 내리는데, 5월과 6월의 가뭄 끝에 많은 비가 오면 산림토양에 물을 저장할 공간이 많아 홍수의 우려가 거의 없으나, 지속적으로 많은 비가 내리면 홍수 위험이 점점 커진다. 과거의 홍수 기록을 보면 1925년 7월 중순부터 9월 중순까지 네 차례에 걸쳐 거의 전국의 하천을 범람시킨 홍수와 1984년의 홍수가 가장 피해가 컸다.

홍수 발생의 기상적 원인은 ① 장마전선의 남북 진동과 이 전선을 지나가는 저기압, ② 여름에 영향을 주는 태풍, ③ 중국 화베이 지방·양쯔강[揚子江]·동중국해 방면에서 들어오는 저기압, ④ 여름철의 남동계절풍과 과열로 인한 뇌우성(雷雨性) 집중호우 등으로 인한 강우에 의한다.

그림 15-2 2023년 7월13일부터 15일까지 약 500mm 내린 강우로 인해 공주시 공산성 만하루가 홍수에 잠긴 광경(자료: 공주시)

나. 지형적 요인

우리나라 국토는 동고서저(東高西低)의 지형, 산지의 급경사와 짧은 지류로 인하여 비가 오면 급격하게 하천으로 흘러들어가고 물이 하류에 집중된다. 특히 태백산맥 동쪽의 계류는 짧아서 일시적으로 물이 계곡으로 내려오면 홍수로 이어진다. 또한 산지 대부분은 화강암과 편마암에서 유래된 산림토양의 토심이 낮아 물 저장능력이 적은 까닭에 큰 비가 오면 일시에 물이 하천으로 집중되어 범람의 우려가 크다. 산 명칭에 악(岳)자가 들어가는 설악산, 관악산, 월악산 등은 바위가 크게 노출되어 있고, 토심이 매우 낮아 많은 비가 내리면 물이 하천으로 갑자기 내려와 가끔 등산객이나 휴양객의 생명을 위협하기도 한다.

다. 사회경제적 요인

지속적인 산업화와 도시화의 결과로 매년 10,000ha 이상의 숲이 도로, 공장, 택지 등으로 전환되어 산지의 물 저장용량이 점차 감소하고 있으며, 기후변화 등에 의한 집중호우가 증가함에 따라 재해도 증가하고 있다. 사람이 살지 않는 곳에 홍수가 나면 아무 문제가 없으나 전원생활을 선호함에 따라 산간 오지까지 사람이 살게 되면서부터 홍수는 재해로 변한다. 특히 계류 근처의 주거지는 홍수피해를 증가시킨다.

라. 홍수발생 메커니즘

홍수는 작은 비가 내릴 때 땅속으로 들어가 암반 위로 흐르다가 계곡으로 나가지만, 강우가 많아지면 산림토양의 저장용량을 넘어서서 지표로 흐르게 되고 물의 양이 많아져 계곡이 범람하게 된다.

그림 15-3 홍수 발생 기작(좌: 적은 비가 오는 경우, 우: 많은 비가 오는 경우)

2. 산림에서의 홍수피해

홍수가 나서 숲에 물이 들어오면 나무는 호흡을 할 수 없어 생명에 지장이 있다. 즉, 나무의 일부 또는 전부가 물에 잠기고 토양도 역시 침수되므로 나무의 생존에 위협이 된다. 홍수는 일시적이므로 토양이나 나무가 오랜 시간동안 침수될 위험성은 적지만, 산림토양은 큰 영향을 받는다. 일정 부피의 토양에는 고체, 기체, 액체가 균형을 이루는데 비가 계속 오면 토양공간에 액체 상태가 커지고 기체 상태가 적어지므로, 산소를 요구하는 뿌리와 잎의 생장에 영향을 미친다. 만약 오랫동안 침수되면 나무의 생장을 제한하거나 조직의 파괴로 인해 상처를 준다.

홍수가 발생하면 토양은 환원상태가 되면서 산성으로 변한다. 홍수가 난 산림토양의 유기물 분해능력은 미생물의 활동 저하로 정상적인 산림토양에 비해 1/2에 불과하다. 침수된 토양에서 유기물이 분해하면 이산화탄소, 메탄, 부식산 등이 생성되고, 에탄올과 황화수소의 농도가 높아져서 나무뿌리에 피해를 준다. 홍수에 의해 떠내려 온 미사나 모래가 8cm 이상 쌓이면 산소공급의 제한을 받아 나무뿌리가 질식한다.

3. 산림에 의한 홍수피해 완화

산림이 아닌 지역에서 많은 비가 내릴 때 땅속으로 물이 침투하지 못하고 지표로 물이 흘러 한꺼번에 강이나 하천으로 들어가므로 홍수가 발생한다. 그러나 숲은 먼저 나뭇가지와 잎[수관]이 빗물을 차단하고 수관을 통과한 비가 유기물층을 지나 땅속의 크고 작은 공간, 즉 공극에 많은 물을 저장하였다가 서서히 흘러 보내는 역할을 충실히 하면 홍수가 발생하지 않는다. 즉, 숲은 물을 상당량 저장할 수 있는 기능을 가지고 있는데, 토양이 깊고 공극이 발달되어야 그 역할을 제대로 수행한다. 그러므로 하천 상류에 있는 숲을 보호하고 육성하여 토양침식을 방지하고 물 저장기능을 높여야 한다.

가. 수관차단량 증가

산림의 수관차단량은 20%(활엽수)~30%(침엽수)로서 평균 25%이며, 전체 강우량의 1/4이 지상에 도달하지 않고 나뭇잎이나 가지에 걸려 다시 공중으로 증발하는 양이다. 비가 많이 오는 지역에서는 침엽수림을 육성하여 수관차단량을 높임으로써 홍수량을 줄일 수 있다. 또한 수관이 빽빽하면 여름철 증산량이 많아져서 홍수량 감소에 큰 역할을 한다.

그림 15-4 비가 올 때 수관에 차단되어 물이 없는 나무밑

나. 산림토양 보전

산림토양은 스펀지처럼 물을 저장하고 있다가 서서히 흘려보낸다. 토양 속의 나무 뿌리는 토양미생물과 소동물에게 유기물을 공급하므로 생태계 활동에 큰 영향을 주며, 그에 따라 공간이 많아지고 토양의 물 저장능력이 증가한다. 나무는 여름철 왕성한 생장기에 뿌리가 토양 내 물을 흡수하여 증산시키므로 물 저장능력을 향상시킨다. 산림토양은 도시토양에 비해 20배 이상 물이 땅속으로 잘 침투하므로 홍수량이 감소하지만, 홍수는 오랜 강우끝 토양의 물저장능력을 넘어설 때 발생하므로 토양의 물저장능력은 한계가 있다. 그러나 건기를 지난 후 시간당 200mm의 집중호우가 오더라도 홍수가 나지 않는 것은 국토의 2/3를 덮고 있는 산림토양 내 물 저장공간이 커졌기 때문이다.

다. 산림관리

나무의 생장기간을 길게 하면 토양 속에 물이 머무르는 시간이 길어진다. 즉, 나무의 나이가 많으면 낙엽과 뿌리의 양이 증가하고 유기물 공급도 많아져 토양이 개선되므로 물 저장량이 증가한다. 같은 수종에서 50년 된 숲은 20년 된 숲보다 30%나 더 많은 물을 저장한다고 한다. 또한 숲의 상태를 하나의 수종과 나이로 조성하는 것보다 여러 수종과 다양한 나이를 가지게 하면 물의 저장량이 많아진다. 복합림은 단순림에 비해 숲의 부피가 크므로 낙엽량도 많아지고, 생태적으로도 안정되어 토양 내 소동물과 미생물의 번식이 빨라 토양의 물리성이 좋아진다.

4. 홍수방지림 조성 사례

홍수방지림은 홍수방지를 목적으로 강변에 나무를 심어 숲을 이룬 것인데, 나무 자체가 홍수를 방지하는 것이 아니라 나무뿌리가 흙을 잡고 있어 강변의 흙이나 모래가 홍수가 오더라도 침식을 발생시키지 않는 것이다. 나무가 클수록 그 효과가 커져 홍수를 방지하는 효과가 크다. 대표적인 숲을 소개한다.

가. 안동 하회마을 만송정숲

안동 하회마을 만송정숲은 조선 선조 때 문경공 류운용이 낙동강이 하회마을을 휘돌아 흐르며 만들어 놓은 모래 퇴적층 위에 조성한 숲으로서 마을의 입지환경을 감안하여 소나무 만 그루를 심고 가꾸었다고 하여 만송정이라고 불렀다. 그러나 현재 숲은 100여년 전 다시 심은 인공숲이며, 그의 16대 후손들이 만송정비를 세워 기록으로 남겨 놓았다. 낙동강물이 하회마을을 감싸듯 굽이쳐 흐르는 어귀에 길게 조성되어 있어 홍수를 방비할 뿐만 아니라 바람의 피해를 막아주는 중요한 숲이다. 2006년 천연기념물로 지정했다.

나. 예천 금당실숲

예천 금당실숲은 상금곡동 북서쪽의 용문사 계곡과 북쪽의 청룡사 계곡에서 발원하는 물이 만나는 삼각주에 조성되어 하천의 범람을 억제하고, 겨울철의 북서한풍을 막아주는 역할을 하였다. 바람이 강하게 불어 농경지와 가옥에 피해를 주자 지형적 결함을 보완하기 위하여 수백년 전 약 2킬로미터에 걸쳐 주민들이 숲을 조성하였다. 숲은 금곡천이 범람하여 생기는 홍수를 방지하는 일종의 재해방지 역할도 담당하였다. 마을을 모두 감싸 안았던 솔숲은 현재 4분의 1 정도밖에 남아있지 않는데, 그나마 솔숲을 보전할 수 있었던 것은 주민들의 힘이 컸다.

그림 15-5 안동 하회마을의 홍수를 방지하기 위해 심은 소나무숲

그림 15-6 예천 금곡천 범람을 막는 금당실숲

1892년 마을의 주산인 오미봉에서 금을 채광하려던 러시아 광산회사 소속 광부들과 풍수지리적으로 마을 형국이 배 모양인데 배를 붙들어 매는 줄 역할을 하는 오미봉을 파괴하면 마을의 지기가 끊어진다며 이를 가로막던 주민들 사이에 충돌이 일어나 광산회사 현장책임자 2명이 숨지는 사건이 일어났다. 러시아와 외교문제로 번진 이 사건 때문에 주민 2명이 구속됐고, 사건이 확대되면서 마을의 존립이 위태로운 지경에 이르렀다. 이에 마을에서는 배상금과 로비자금 마련을 위해 공동재산인 금당실숲의 소나무를 베어 팔았고, 어린 나무와 새로 심은 소나무가 자라 오늘에 이르렀다.

현재의 소나무숲이 보전될 수 있었던 또 하나의 이유는 사산송계(四山松契)이다. 위 사건을 계기로 마을사람들은 소나무숲을 복원하고 연료를 안정적으로 공급하기 위하여 사산송계를 결성하였다. 1903년에 작성된 명부에는 송계의 목적이 "선대유산을 영구 지속한다"고 명시하고 있다. 사산송계는 벌채한 자리에 소나무를 심고 가꾸었으며 그 외의 지역에 연료림을 조성하였다. 해방 후 혼란기에도 주민이 필요한 연료는 송계 소유의 다른 숲에서 채취하였고, 금당실 소나무숲은 가지 하나도 건드리지 못하게 하였다. 심지어 소나무숲에 방목도 허용하지 않았다.

다. 밀양 긴늪

긴늪은 경상도 말로 숲이라고 한다. 밀양 밀산교를 중심으로 좌우 밀양강을 따라 길게 늘어선 송림은 19세기 말 남기리 기회마을 주민들이 계를 조직하여 북천강의 범람을 막아 마을과 농토를 보호하고자 조성한 홍수방지림으로서, 폭 200미터, 길이 1,500미터의 숲에는 키는 25미터, 직경 50~60센티미터의 아름드리 소나무 수천 그루가 있다. 이곳은 큰 비가 올 때마다 북천의 강물이 범람하여 마을과 문전옥답이 침수되고 긴 늪이 생길 정도로 황량한 땅이었다.

1881년 주민들은 자발적으로 희사한 토지에 강의 흐름을 따라 반달처럼 형성된 하상위에 둔치를 만들고, 수천 그루의 소나무, 밤나무, 버드나무를 심었다. 그 후 2월 초하루를 식목의 날로 정하여 나무를 보식하고 숲가꾸기에 정성을 다하니 숲의 면적은 12헥타르나 되었다. 또한 강의 상류에는 보를 막아 긴 물길을 만들어 들판에 공급함으로써 홍수 예방은 물론 농사도 잘 되어 인심이 넉넉한 마을로 거듭나게 되었다.

일제강점기에는 일제의 토지 침탈에 맞서 마을 이장을 비롯한 주민대표의 공동명

그림 15-7 밀양강의 범람을 막기 위해 식재한 기회 송림

의로 솔숲이 있는 하천부지를 등록함으로써 소유를 분명히 하였다. 광복 후에는 도벌을 막기 위해 온 주민이 파수꾼 역할을 하였으며, 한국전쟁 당시 미군 주둔으로 파괴된 숲을 복구하는데 큰 힘을 기울였다. 1974년에는 기회송림 보호회를 창립하여 마을 공동자산으로 삼았으며, 관리 보존을 위해 상당한 노력을 한 결과 아름드리 노송 숲은 주변의 수려한 경관과 함께 밀양이 자랑하는 관광 명소가 되었다.

라. 담양 관방제림

관방제림은 조선 인조(1648년) 때 성이성 부사가 담양 관방천의 홍수 피해를 방지하기 위해 길이 2킬로미터, 폭 7미터로 제방을 쌓고 700여 그루의 나무를 식재하였다. 현재 180여그루의 수백년된 노거수가 자라고 있다.

그림 15-8 담양 관방천과 관방제

그림 15-9 300년 이상된 활엽수림이 가득한 담양 관방제림

The value of forest

제16장 산림토양 보전

1. 산림토양 생성

　토양이란 암석의 풍화물과 동식물의 분해물이 혼합된 곳으로서 모재, 지형, 생물, 기후, 시간의 상호작용에 의하여 생성된다. 지각을 구성하는 암석은 입자의 크기, 결정, 색, 화학적 조성 등이 다른 1차 광물로 이루어져 있다. 암석은 구성성분이 다르므로 팽창과 수축률의 차이와 기온변화에 의하여 크고 작은 돌로 부서진다. 이것을 풍화작용이라 하는데, 건조와 습윤, 한랭과 온난, 동결과 해동으로 암석이 작게 부서지는 물리적 풍화와 수화작용, 가수분해, 산화와 환원 등에 의하여 암편의 성질이 변하는 화학적 풍화가 있다. 물리화학적 풍화작용은 단독으로 일어나지 않고 양자가 동시에 발생하며, 그 정도는 기후에 의해서 좌우된다. 즉, 건조지역에서는 물리적 풍화가 더 크고, 습윤지역에서는 화학적 풍화가 주로 일어난다. 그 외에도 식물뿌리에 의한 생물적 풍화작용이 있다. 풍화작용에 의해 형성된 것이 토양이므로 토양은 암석의 영향을 크게 받으며, 암석의 종류에 따라 토양의 특성이 결정된다.

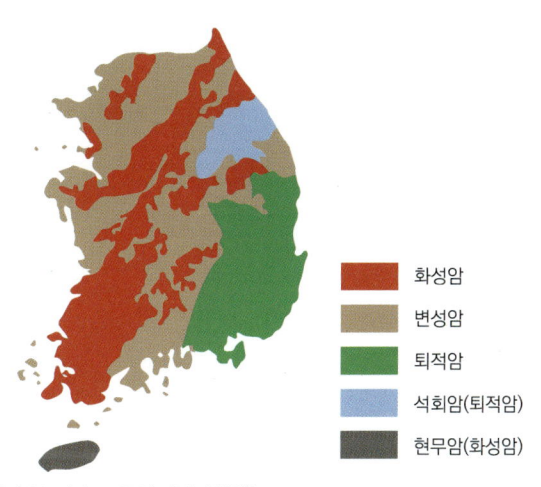

그림 16-1 암석의 분포(자료: 국립산림과학원)

그림 16-2 나무뿌리에 의해 암석이 부서지는 생물적 풍화작용

그림 16-3 암석에 이끼, 초본, 관목이 침입하여 풍화 진행

한편 식물 생육에는 질소, 인, 칼륨 등의 주요 양분 이외에도 많은 미량원소가 필요하지만, 풍화된 쇄설물의 표면에는 양분을 크게 요구하지 않는 지의선태류와 같은 하등식물 또는 공중질소를 고정하는 식물이 먼저 정착한다. 이들이 죽으면 다음에 침입하는 식생의 에너지원이 되고 수분을 보유하게 된다. 이와 같이 생물적 소순환을 통하여 암석쇄설물의 표면에는 칼슘이나 질소 등이 축적되며, 양분공급량이 많아지면 고등식물의 정착이 쉽고 유기물도 증가한다. 그러므로 산림이 형성되면 산림토양도 발달한다.

2. 산림토양의 특성

산림토양은 약 30cm의 인공적인 작토층을 갖고 있는 농지토양과 달리, 자연적으로 수천년 동안 발달한 층위를 구성하고 있다. 농지토양은 화학적 성질이 중요하지만 산림토양은 물리적 성질이 중요하다. 산림토양은 유기물과 무기물, 토양수, 토양공기로 구성되어 있다. 이 중 유기물은 유기물층과 부피의 3~4%를 차지하는 뿌리이다. 산림토양은 전체의 40~50%가 고체이고, 나머지는 물과 공기가 채워져 있다. 토양수와 토양공기는 뿌리 생장, 수분과 산소공급 등 임목생장과 깊은 관계가 있다.

가. 토양단면

산림토양은 독특한 단면을 가지고 있다. 지표위 낙엽, 죽은 가지 또는 풀 등으로 조성된 유기물층(O층)과 유기물층 아래의 암석 풍화물에서 형성된 광물토층인 A층(표토층), B층(심토층), C층(모재층)이 있다.

유기물층은 공급원인 식물의 사체의 분해정도에 따라 L, F, H층으로 세분한다. L층(litter, 낙엽층)은 가장 위에 있으며 분해되지 않은 낙엽층이다. F층(fermentation, 분해층)은 낙엽이 토양동물의 분쇄와 토양미생물의 분해로 원형은 상실하였지만, 엽맥과 같은 원래 조직을 구별할 수 있는 정도의 분해단계에 있는 층이다. H층(humus, 부식층)은 F층의 분해가 더욱 진행되어 식물 원래의 형태를 전혀 판별할 수 없고 건조한 토양에서는 가루의 형태로, 습한 토양에서는 뭉쳐진 형태로 있는 층이다.

유기물층의 분해가 양호하면 H층이 없는 경우도 있다. 열대지방에서는 낙엽의 분해속도가 빨라 유기물층이 없는 경우가 많으나, 건조지, 과습지 또는 한랭지 등에서는 분해작용이 활발하지 못해 비교적 두껍게 쌓인다. 산림이 있는 곳의 유기물층은 토양수분과 양분이 풍부하고 기온의 급격한 변화가 적으므로, 토양동물과 미생물이 다양해지고 활동이 증가하면서 유기물을 분해시켜 A층을 발달시킨다.

A층은 가장 위에 있는 토양으로서 동식물유체의 분해로 생성된 유기물이 쌓여 암갈색을 띠며, B층보다 유기물 함량이 높고, 토양구조도 발달되어 통기성 및 투수성이 양호하며, 토양동물과 미생물의 활동이 왕성하고 뿌리도 잘 분포되어 있다.

B층은 C층 풍화에 따라 생성된 철화합물에 의하여 적갈색-갈색-황갈색을 띤 유기물이 부족한 토층으로, 옅은 색을 띠고 점토의 영향으로 공극이 적고 치밀하다. 깊은 곳은 산소가 부족하므로 직근 외에는 뿌리가 덜 발달되어 있다.

C층은 암석이 풍화된 토양모질물(parent material)로서 토양화가 거의 진행되지 않고 구성물질이 비교적 거친 입자인 모래와 많은 돌로 되어 있다.

우리나라 산림토양에서 유기물층의 평균 두께는 약 5cm이고, 평균 토심, 즉 A층과 B층의 합계는 55cm로서 아주 낮은 편이다. 따라서 왕성한 임목생장을 기대하기 어렵다.

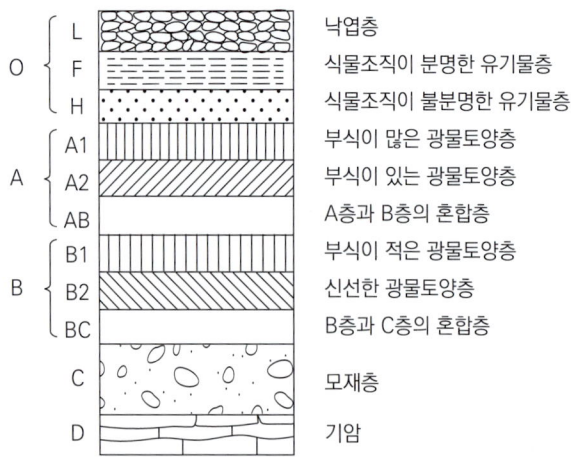

그림 16-4 갈색 산림토양의 세부 토양단면(자료: 산림환경토양학)

나. 물리적 특성

양호한 임목생장을 기대하려면 토양에 양분과 물이 충분하고, 공기 유통이 자유로우며, 뿌리발달이 제한되지 않아야 한다. 토양의 물리적 성질을 좌우하는 것은 토양입자, 입자 사이의 물과 공기의 구성상태, 보수력, 토양의 견밀도 등이다.

토양은 고체, 물과 공기로 구성되며, 이것을 토양의 3상이라 한다. 고상은 표토 체적의 약 40%를 차지하며 형태와 크기가 다른 무기물 또는 유기물의 혼합체이다. 고상 중에서 광물입자의 직경분포에 따른 토양의 분류를 토성이라 하는데, 입경 2mm 이상의 입자를 돌, 2mm 이하는 흙으로 구분한다. 흙은 입경 크기에 따라 모래, 미사, 점토로 나뉜다.

모래와 미사는 기계적 풍화로 다시 가늘게 부서지고 점토는 화학적 풍화작용을 받아 점토광물을 생성한다. 점토는 모래나 미사와는 달리 토양에서 부식과 결합하여 콜로이드(colloid)를 형성한다. 콜로이드는 미세한 입자이기 때문에 단위중량당 표면적이 아주 크므로 이에 의한 표면활성은 다른 물질을 흡착, 팽윤, 응집하는 특성을 갖고 있어 토양의 물리적인 기능을 크게 하는 역할을 한다. 우리나라 갈색산림토양 A층의 토성은 모래가 약 50%를 차지하며, 미사는 30%, 점토가 20% 정도이다.

산림의 생산성과 토성과의 관계는 직접적인 영향보다 간접적인 영향이 더 크다. 토심이 깊고 굵은 모래가 많은 토양은 양분요구도가 적고 건조에 강한 소나무림이 조성된다. 이곳에 점토나 미사를 첨가하면 물과 양분의 흡착력이 증대하여 어느 정도까지 토양생산성이 증가한다. 수분, 양분, 통기성이 좋은 곳에서는 토성이 임목생장에 큰 영향을 주지 못하나 산정에서는 토성이 중요하다. 토성은 식생천이에 의하여 그 지역에 있는 수종의 요구에 따라 약간씩 변한다. 선구수종(pioneer plant)은 외래수종의 침입 전에 유기물 함량을 증가시켜 임목생장에 대한 토성의 영향을 작게 한다.

다. 화학적 특성

1) 토양산도

토양산도는 pH로 표현하며 pH미터로 측정한다. 이 방법은 토양용액의 수소이온(H+)농도와 표준수소이온과의 균형을 재는 것으로, 수소이온의 활동이 강하면 pH값은 작아진다. 그래서 1리터당 0.0001g의 H이온이 있으면 pH 4.0이 되며, 순수한 물의 pH는 7.0이다.

활엽수림의 pH는 낙엽에서 나온 염기 때문에 가을이 가장 높다. 적당히 비가 오는 지역은 임목이 심토에서 염기를 흡수하고 낙엽을 통하여 지표에 떨어지는 양분순환으로 산성토양 표면에 염기가 집중될 수 있다. 갈색산림토양의 평균 pH는 5.3~5.5, 암적색토양이나 화산회토양은 6.0 내외이다.

유기물층 분해에 의한 부식산의 유출과 광물토양 표층의 염기용탈로 산림토양은 약산성에서 강산성으로 변한다. 침엽수림의 잎과 낙엽에는 염기가 적어 침엽수림 토양은 산성이 강하다. 그러나 식물집단이 토양반응에 영향을 주는 것보다는 토양산도에 의해 식물사회가 구성된다. 예를 들어, 버즘나무와 참나무류는 거의 중성을 좋아하고 대부분의 침엽수는 산성에서 잘 자란다. 가문비나무류, 전나무류, 소나무류 등은 강산성 토양에서 잘 자라므로 이에 따라 지표식생이 될 수 있다.

2) 양분

식물이 필요한 원소 중 C, H, O는 CO_2와 H_2O에서 그리고 아미노산, 원형질, 단백질의 구성원인 N, P, S는 토양에서 흡수한다. 필수원소와 미량원소 B, Ca, Cl, Co, Fe, Mn, Mg, Mo, K, Si, Ca, Zn 중 N, P, K는 식물이 가장 많이 필요하며 부족하기 쉽다. Ca, Mg, S는 부족하지는 않으나 3요소 다음으로 중요한 식물의 양분이다.

질소(N)는 공기 중에 78%가 있으며 이것은 고등식물에 직접 이용되지 못하고, 미생물의 질소고정과 방전으로 NO_3와 NH_4 이온형태로 약간 이용된다. 토양 내의 질소는 낙엽의 분해와 축적이 계속되면서 평형상태에 이르며, 기후의 영향을 받는다. 토양 내 질소는 거의 부식층과 A층에 존재하며 그 양은 1ton/ha(사토)~30ton/ha(부식토)이다. 대부분의 임목은 NH_4-N을 이용하여 생장한다. 질소는 습하고 통기가 불량한 토양에서는 탈질작용으로서 감소한다. 질소는 단백질원으로서 엽록소를 만들기 때문에 N이 공급되면 임목생장이 촉진되고 녹색이 짙어진다. 질소부족현상은 낙엽층이 두터운 추운 지방의 침엽수림과 온난기후대의 사토나 침식토에서 나타난다.

인(P)은 식물의 생명을 유지하는 데 필요한 에너지 전이의 필수요소로서, 토양에는 인산칼슘, 철, 인산알루미늄의 형태로 있으며, 식물은 PO_4 이온의 형태로 흡수한다. A층 내 인의 총량은 30kg/ha(사토)~2ton/ha(유기물이 많은 토양)으로 변화가 많으나 대부분 유기물은 인의 공급원이다. 임목에 필요한 무기태 인의 이용은 토양산도에 따른 철, 알루미늄, 망간의 용해정도(강산성 토양에서 불용성의 인 침전물을 형성한다), 칼슘의 양(산성토양에서 인과 결합하여 용해도를 저하시킨다), 유기물의 분해량을 좌우하는 미생물의 활동, 산화환원능력에 달려 있다.

해안지방 산림토양에는 특히 인 함량이 낮은데 이것은 인의 흡착능력이 낮기 때문이다. 그러나 임목뿌리에 균근이 형성되어 있으면 인은 더 이용될 수 있다. 일반적으로 침엽수 임지에는 인 농도가 낮다. 식물 내 인이 부족하면 구조직에서 신조직으로 전이한다. 인산질비료의 시비는 묘목의 뿌리를 발달시키고, 시비 후 수년 동안 토양에 잔류되어 이용된다.

칼륨(K)은 N, P, S와 기타원소와 원형질, 지방 등 식물을 구성하는 반면, 칼륨은 생리적 기능의 촉매역할을 하며 내병성(耐病性, disease resistance)을 높인다. 특히 장석과 운모에 많이 들어 있고 무기화합물의 형태로 있다. 산림토양에는 20~100ppm이 들어 있고 산림 내 순환도 빨라 크게 부족하지 않다.

우리나라 산림토양의 평균 양분농도는 유기물 2.0%, 전질소 0.1%, 유효인산 11.9mg/kg, 양이온치환용량 10.7cmolC/kg, 치환성 양이온 중 칼슘 1.64cmolC/kg, 칼륨 0.15cmolC/kg, 마그네슘 1.03cmolC/kg, 나트륨 0.21cmolC/kg 등으로 나트륨 농도를 제외하고 비교적 적은 편이다(정진현 등, 2002).

3. 산림토양의 종류

우리나라는 기온의 차가 뚜렷하고 지형과 지질이 복잡하므로 적절한 산지이용을 위하여 토양을 분류하고 있다. 분류체계는 토양군-토양아군-토양형의 순으로 구분한다. 토양군은 토양분류의 가장 큰 단위로 토양생성작용이 같고 단면 내 층위의 배열과 성질이 비슷한 토양이며, 토양아군은 전형적인 토양군과 유사하나 다른 토양생성작용이 가해진 것으로 분류하고, 각 층의 구조, 토색의 차이로 구분한다. 8개의 토양군, 11개의 토양아군, 28개의 토양형이 있으며, 8개 토양군 중에서 내륙에는 갈색산림토양이, 서해안과 남해안은 적황색토양이, 경상남북도는 회갈색산림토양이, 제주도는 화산회산림토양이 나타난다(이천용, 2022).

우리나라의 대표적인 갈색산림토양은 습윤한 온대 및 난대기후에 분포한다. A-B-C 층위를 갖는 산성토양으로 A층이 암갈색~흑갈색, B층은 갈색~암갈색의 광물질층으로 되어 있는 갈색산림토양아군(B)과 저해발고의 산지에 넓게 분포하며, 갈색풍화현상이 있는 주변에 출현하는 적색계갈색산림토양아군(rB)으로 구분한다. 산림토양 분류는 임목생장과 식재수종 결정에 간접적으로 도움을 준다.

그림 16-5 화강암 지역의 갈색산림토양 단면

4. 산림토양의 생산성

토양과 입지환경은 임목과 식생이 생장하는 데 큰 영향을 미치므로, 이들 인자의 복합적인 생산 능력을 지위(地位)라고 한다. 지위의 차이에 의하여 목재생산뿐만 아니라 생태, 휴양, 야생동물, 수질 관리방법이 다르다. 토양 생산성을 평가하기 위해서는 산림 내 양호한 나무의 수고와 나이를 알고 1년에 얼마나 자라는지를 조사하면 된다. 예를 들면, 우리나라 주요 수종의 1년 생장량을 알고 현지의 나무생장 속도를 비교하면 그 지역의 토양생산성을 알 수 있다.

생산성에 작용하는 요소로서 생물적 인자와 비생물적 인자가 있다. 적어도 1개 이상의 인자가 동일한 임지에서도 임목생장을 제한하며, 여러 인자가 복합되어 작용하기도 한다. 생물적 인자에는 임분밀도, 유전적 특성, 경쟁, 병충해 등이 있으며, 비생물적 인자는 기후, 지형, 토양(모재, 토심, 지하수위, 토양수분, 토양공기, 양분) 등이 있다(이천용, 2022).

5. 산림토양 보전

산림토양은 지상에 나무나 풀 등 식물로 덮여있어서 폭우가 오지 않는 한 침식되지 않으며, 나무뿌리가 깊숙이 땅속으로 들어가 나무가 오랜 세월 서 있어도 넘어지지 않게 하며, 식물생장에 가장 중요한 양분과 수분을 공급하고, 산성비가 내려도 그 안의 독성물질을 완화하는 중요한 역할을 한다. 만약 나무를 베어버리면 산림토양은 빗물에 의해 계속 침식되어 결국 척박한 땅으로 변하므로 숲은 산림토양을 만드는 근본이다. 산림토양 형성은 비록 숲이 수십 년 만에 울창해진다 하더라도 수천 년에서 수만 년이 지나야 온전하게 된다. 그러나 임목벌채와 답압 같은 인간의 간섭과 폭우에 의한 산사태 등과 같은 기후적 훼손은 산림토양 보전에 큰 영향을 준다.

산림토양 보전은 여러 가지 산림의 공익기능을 최고로 발휘하여 인간의 생명을 건강하게 할뿐만 아니라 목재 생산량을 결정하는 근원이다.

그림 16-6 답압에 의한 산림토양 훼손

The value of forest

제17장 야생동물의 서식지

1. 야생동물의 위기

세계자연보호연맹(IUCN)의 적색목록(Red data book)에는 현재 전 세계 포유동물 5,499종 가운데 21%와 조류(10,052종)의 13%, 양서류(6,338종)의 32%가 인간활동에 의한 서식지 파괴와 남획으로 인해 멸종위기에 놓여 있다고 한다(IUCN, 2012). 세계환경보호감시센터는 포유동물을 포함한 11,000종의 야생동식물이 30년 내에 멸종될 것이라고 경고하고 있으며, 5,000종의 식물, 1,000종의 포유동물, 5,000종의 다른 동물들이 서식지 파괴와 외래종의 침입에 의해 멸종위기에 직면해 있다고 하였다(UNEP, 2002).

2015년 6월 19일 학술지 '사이언스 어드밴스'에 게재된 보고서에 의하면 동물의 멸종속도가 과거보다 100배나 빨라지면서 지구가 6번째 동물 대멸종 시기에 진입했으며, 멸종 대상에는 인간도 포함될 수 있다고 경고했다. 과학자들은 화석기록 등을 이용해 과거의 동물 멸종 비율을 보수적으로 추산한 현재의 멸종비율과 비교 분석한 결과 "인간이 출현하기 이전에는 100년마다 1만 개의 동물 종(種) 가운데 2종이 멸종한 반면, 지난 세기에는 멸종 속도가 110배나 빨랐다"고 하였다.

세계자연기금(WWF)은 1970년부터 2016년까지 46년간 포유류, 조류, 파충류, 양서류 및 어류 등 지구상 야생동물 개체수가 약 68% 감소했으며, 그 원인으로 서식지 파괴, 남획, 무분별한 토지 및 자연자원 사용, 야생동물 불법 거래, 기후변화라고 하였다. 또한 기후변화로 인해 금세기 생물종의 20%가 멸종위기에 처해 있다고 하였다(WWF, 2020). 결국 야생동물의 멸종 이유는 기후변화, 환경오염, 서식지인 산림파괴 등이다.

환경부는 우리나라 멸종위기 야생생물은 267종이며, 그중 포유류 26종, 조류 63종, 양서파충류 8종, 곤충류 26종이라고 하였다(환경연감, 2021).

2. 야생동물의 종류

야생동물(Wildlife)이란 자연환경에서 자유롭게 움직이는 포유류, 조류, 양서류, 파충류, 담수어류 등 척추동물을 의미한다.

가. 포유류

우리나라에 사는 포유류는 31과 122종으로서 호랑이, 여우 등과 같은 상위 포식자는 멸종하였고, 포유류의 서식지인 숲이 울창해지면서 법으로 보호받는 멧돼지, 노루 등은 크게 증가하였다. 또한 삵이나 담비 등 맹수도 점차 증가하고 있다. 그러나 산업화 확대와 사람들의 빈번한 숲의 출입과 간섭은 서식지를 파괴하고 있다(국립생물자원관, 2013).

그림 17-1 호랑이

1) 다람쥐

우리나라 서식 포유류 중 사람과 가장 친근한 다람쥐는 전국의 산림과 도시공원 등 숲이 있는 지역에서는 어디에서나 서식하는 소형동물이다. 100ha당 평균 서식밀도는 약 8마리이다. 다람쥐는 야생화된 고양이 밀도의 증가와 가을철 인간에 의한 도토리 채취로 먹이 부족현상이 발생하면서 생존에 많은 위협을 겪고 있다.

그림 17-2 다람쥐

2) 멧돼지

멧돼지의 서식밀도는 100ha당 4마리로서 멧돼지의 행동권이 200~500ha이므로 지역간의 편차가 크다. 최근 멧돼지의 포식자나 경쟁동물이 감소하고 있어 개체군 크기의 국지적인 증가로 인해 유해야생동물로 지정되어 대량포획이 이루어지고 있으나, 개체수의 급격한 감소는 이전 개체군의 회복을 불가능하게 할 수 있어 과학적인 관리가 필요하다.

3) 고라니

고라니는 중국의 일부 지역과 한반도에만 분포하고 있는 생물학적으로 중요한 종이며, 서식밀도는 100ha당 7마리이다. 고라니는 초본류가 풍부한 개활지에 살며 천적동물이 사라진 우리나라 생태계에서 증가가 예상되는 종이다. 산림이 울창해지면서 서식조건이 악화되고 있으므로 서식밀도를 증가시키려면 산림의 상층목 울폐도가 70%, 하층관목 울폐도가 40%, 개활지 비율이 4% 이상의 공간이 되도록 관리해야 한다.

그림 17-2 다람쥐

4) 청설모

청설모는 1970년 이후 대면적으로 조림한 잣나무가 성장하고 포식동물이 급격히 감소하면서 계속 증가하였지만, 주요 먹이인 잣, 구과가 병에 감염되어 줄어들면서 청설모 개체도 감소하였다. 밀도는 100ha당 4마리이다.

나. 조류

우리나라에 분포하는 조류는 74과 518종이다. 조류는 이동성에 따라 텃새, 여름철새, 겨울철새, 나그네새, 길잃은 새로 나눈다. 텃새는 숲에 서식지를 만들고 고정적으로 거주하므로 연중 관찰되며, 꿩, 수리부엉이, 박새, 참새, 까치, 까마귀 등이 있다. 여름철새는 봄에 와서 여름을 지나며 번식한 후 가을에 떠나는 새로서 휘파람새, 산솔새, 뻐꾸기 등이 숲에 산다. 겨울철새는 추운 지방에서 번식한 후 우리나라에서 겨울을 보내는 새로서 독수리, 쇠부엉이, 멧종다리, 되새 등이 숲에 산다. 나그네새는 이동 중에 잠시 물에 사는 새이다.

표 17-1 주요 산림서식 조류의 서식밀도와 특성

새 이름	서식지	100ha당 밀도(마리)	비고
꿩	숲	10	먹이자원인 오리나무, 거제수나무, 버드나무숲 유지. 은폐물인 하층식생 보전
멧비둘기	소나무, 전나무숲	25	먹이는 농경지에서, 번식은 숲에서 하므로 번식지 관리
참새	숲, 농경지	114	농경지에서 먹이, 숲에서 번식과 휴식
까치	전역	26	유해조수이며, 밀도 증가, 갈까마귀와 경쟁관계로 밀도 조절
어치	숲	9	종자를 땅속에 저장
쇠딱따구리	활엽수 고목, 잡목	9	해충 포식, 생태계 유익
직박구리	숲	22	중부 및 남부지방 서식
박새	숲	31	산림에 가장 많이 서식하며 해충 구제
노랑턱멧새	관목숲	14	주요 서식지인 관목숲의 조성과 종자식물의 식재로 먹이자원을 공급
흰배지빠귀	울창한 숲	9	여름 철새. 제주도와 남부 해안지방에서 일부 월동
꾀꼬리	숲	7	서식지 감소로 밀도 크게 감소

(자료 : 국립환경과학원)

그림 17-4 직박구리

다. 양서·파충류

우리나라에 서식하는 양서류는 7과 22종이고 파충류는 14과 31종이다. 양서류는 주로 개구리, 도롱뇽을 말하며 어류와 파충류의 중간적 위치에 해당하나 어류에 더 가깝고, 어릴 때는 형태적으로나 생리적으로 어류와 비슷한 점이 많다. 성체는 허파가 있으나 허파 호흡과 거의 같은 양의 산소를 피부로 호흡하기 때문에 물 가까이에서 생활하지만 대부분의 번식은 물속에서 이루어진다.

파충류는 악어, 뱀, 도마뱀, 거북이 등이 대표적이나 숲에는 주로 뱀이 산다. 파충류는 양서류와 달리 물속에서 사는 올챙이 시기를 거치지 않고 알을 낳는다. 이들은 생태계교란과 서식지 파괴에 상당히 민감하여 개체수가 크게 변화한다.

그림 17-5 제주 한남시험림 습지의 뱀

3. 야생동물의 가치

가. 심미적 가치

숲속 동물은 고유의 아름다움을 지니고 있다. 특히 새들은 날아다니는 형태, 울음소리, 먹이활동 등을 통해 신비감을 준다. 야생동물은 서식지가 완벽할 때 더욱 가치를 발휘한다. 야생동물의 형태나 생태는 예술작품의 소재뿐만 아니라 자연과 조화를 이루며 사는 동물의 생활양식의 관찰을 통해 자연을 사랑하고 온유한 마음을 갖게 해준다.

나. 생태적 가치

피라미드 구조의 먹이사슬에서 각 위치에 있는 동물들이 제 역할을 하려면 숲이 생태적으로 건전해야 한다. 산림생태계가 건전하면 생물다양성은 크게 증가한다. 야생동물은 해충을 먹어서 나무가 해충의 침입을 받지 않도록 도와주며, 종자를 섭취한 후 다른 곳으로 이동하면 배설물에 의해 새로운 숲이 조성된다. 예를 들어, 다람쥐나 어치가 도토리 등 먹이를 다른 곳으로 이동하여 저장한 후 잊어버리면 난데없이 잣나무 숲에 상수리나무집단이 나타나기도 한다.

다. 휴양가치

숲에서 야생동물을 보는 활동은 오감을 넘어선 육감을 활용하기 때문에 휴양기능이 증가한다. 포유류는 항상 다니는 길이 있으므로 길 주변에 전망대를 설치하여 동물의

그림 17-6 고성 송지호의 탐조대

이동행태를 보거나, 탐조대를 설치하여 새들의 번식이나 먹이활동을 관찰하는 것은 숲의 휴양가치를 높인다.

라. 교육과학적 가치

교육자들은 야생동물을 통해 교육의 이론을 접목하였으며, 과학자들은 자신이 개발한 과학이론을 야생동물을 이용하여 증명하였다. 야생동물의 우수한 환경적응능력을 연구한 결과 그 원리를 통해 과학이 크게 발달하였다. 비행기는 새의 기능을 보고 만들었으며, 박쥐가 어둠 속에서 먹이를 포착하는 능력을 보고 레이더를 만들었다.

마. 경제적 가치

야생동물의 경제적 가치는 수렵에 의한 고기, 모피, 뿔 등의 직접적인 생산이익과 야생동물의 관찰로 인한 지역경제 이익, 조류에 의한 생태적 해충구제 편익 가치를 포함한다(이경준 등, 2014).

4. 야생동물의 서식지

야생동물의 종 다양성을 최대한 유지하려면 적당한 서식조건을 갖추어야 한다. 서식지(habitat)는 종마다 다르기 때문에 어떤 동물에게는 훌륭한 서식지일 수 있으나, 다른 동물에게는 적당하지 않을 수 있다.

가. 서식지의 구성요소

다양한 식생이 있는 대면적 산림에서는 서식지 환경이 증가하므로 동물의 다양성이 높아진다. 최적의 서식지는 먹이, 은신처, 물, 공간 등 4가지 조건이 적합해야 한다.

1) 먹이
서식환경의 가장 중요한 요소로서 먹이획득 가능성은 계절에 따라 변한다. 어떤 계절에는 먹이가 풍부하지만 어떤 계절에는 극단적으로 부족하다. 동물은 먹이에 따라 육식동물과 초식동물로 분류하는데 육식동물은 에너지가 높고 영양성분을 골고루 가진 동물을 먹이를 이용하므로 먹이 포획이 곧 생육이다. 육식동물은 먹이를 구할 때 탐색, 추격, 매복, 포획의 단계를 거친다.

다른 동물을 잡아먹는 포식종과 잡아먹히는 피식종의 일반적인 관계를 보면 ① 포식종의 밀도는 항상 피식종의 밀도보다 낮다. ② 포식종은 다양한 종을 포식한다. ③ 피식종의 증식률은 포식종보다 높다. ④ 피식종은 포식종보다 크기가 작지만 포식종이 작은 경우 대개 큰 피식종의 새끼를 포식한다.

초식동물은 에너지나 영양분 조성인자보다 먹이가 풍부하여 자주 먹을 수 있어야 한다. 보통 먹는데 시간이 많이 걸리고 다량을 요구하므로 먹이의 질적, 양적 부족이 올 수 있다. 초식동물의 먹이 선호도는 시간과 장소, 동물이 좋아하는 먹이자원의 종류에 따라 달라진다.

2) 은신처

서식환경 내에서 날씨나 포식자와 같은 위협요인으로부터 동물을 지켜주는 다양한 환경요소를 은신처라고 한다. 은신처는 직사광선으로부터 그늘을 만들어 주며 악천후나 바람과 비를 막고, 야간에 추위로 인한 열손실을 감소시킨다. 많은 조류에게 둥지와 휴식장소는 생존을 좌우하며, 포유류도 겨울잠과 같이 활동이 둔화되는 시기나 번식기에는 다양한 형태의 은신처가 필요하다.

3) 물

동물의 몸은 대부분 수분으로 이루어져서 물은 생명을 유지하는 필수요소이다. 물이 있는 습지나 계곡은 동물의 생활공간이거나 먹이를 얻는 대상지, 적을 피하는 곳으로 이용된다. 숲에 사는 새들은 깃털 및 기생충관리를 위한 목욕에 물이 꼭 필요하다. 물은 계곡생태계의 가장 중요한 부분이므로 물이 풍부하면 생물다양성도 증가한다.

4) 공간

동물은 충분한 먹이, 은신처, 물 또는 짝짓기를 위해 다양한 공간이 필요하다. 적절한 서식지 공간은 개체군의 크기에 의해 좌우된다. 공간은 행동권과 세력권으로 구분하는데 행동권은 어떤 개체가 먹이나 새끼를 돌보는데 필요한 공간이고, 세력권은 위협을 주는 동물을 방어하거나 완충역할을 하는 공간이다. 공간의 크기는 개체군을 이루고 있는 종의 크기, 먹이의 종류, 번식력, 서식지 다양성 등에 의해 좌우되며, 개체수를 증가시키고 세대의 연속성을 유지하는 번식공간은 교배, 산란, 육추, 둥지와 관련이 많다.

나. 동물의 서식 핵심요소

동물의 서식지는 동물마다 그 요소가 다르다. 즉, 포유류는 동면장소, 보금자리, 먹이자원, 활동권이 핵심이고, 조류는 번식지, 채식장소, 월동장소, 은신처(잠자리, 휴식처 등) 등이 핵심이며, 양서·파충류는 집단산란지, 활동장소, 동면장소, 이동경로가 핵심이다(임신재 등, 2012).

다. 서식지 관리

1) 산림관리의 중요성

산림은 지구상에 존재하는 많은 생명체의 주요 서식지이며, 산림구조와 종 구성은 야생동물의 종 다양성과 조성, 서식지 이용에 영향을 준다. 목재생산을 위한 산림벌채는 산림생태계의 구조적, 기능적 특성을 변화시키므로 산림관리자는 야생동물 서식지에 관한 이해, 즉 식생과 동물 군집, 시간에 따른 변화, 조림에 의한 영향 등에 대한 깊은 이해가 있어야 한다.

야생동물 보전을 위한 산림관리에 있어서 일률적으로 동일한 강도의 솎아베기를 하는 것은 숲의 수평적인 다양성이 감소한다. 하층식생의 과도한 제거는 초식성 동물의 먹이를 없애고 포식자로부터 안전을 확보할 수 있는 은신처의 역할을 없애는 것이다. 살충제나 제초제 사용은 야생동물 생태계에 치명적이므로 화학약제 사용에 신중해야 한다.

2) 수종의 다양성

다양한 수종으로 구성된 숲은 수종에 따라 개엽, 개화, 결실의 시기가 다르기 때문에 이를 이용하는 곤충 등의 무척추동물의 발생 시기가 달라진다. 따라서 이들을 먹이로 하는 조류와 포유류의 서식에 큰 영향을 준다. 그러므로 단일 수종으로 된 숲보다는 다양한 수종이 혼합되어 있는 숲으로 유도해야 한다.

야생동물의 먹이가 되는 견과류나 열매 등을 맺는 나무를 유지하고, 조류 및 청설모, 다람쥐 등에게 좋은 먹이를 제공하는 수고가 높고 나이가 오래된 참나무류, 벚나무, 잣나무 등을 보전해야 한다.

그림 17-7 설악산 권금성의 잣나무 열매

3) 숲틈 조성

숲의 수평적 다양성을 확보하기 위해 여러 가지 상태의 숲을 모자이크 형태로 배치하고, 숲틈(gap)을 이용한다. 0.03ha 미만의 소규모 벌채나 고사로 인해 생긴 공간은 하층식생이 침입하여 급격히 증가하므로 야생동물의 서식에 도움이 된다.

4) 숲가장자리 관리

숲가장자리(forest edge, 임연부)란 서식 환경이 다른 지역과 중첩되는 곳으로서 식생, 토양, 지형, 미세기후 등이 다양하다. 숲가장자리는 서식지의 양과 서식지 풍부도에 영향을 미친다. 숲가장자리와 관련된 서식지 풍부도는 산림의 크기와 숲가장자리에 인접한 서식지의 형태에 의해 영향을 받는다. 이곳을 선호하는 노루나 꿩 등의 서식을 위해 숲가장자리 면적을 증가해야 하나, 반대로 숲속을 좋아하는 동물은 가장자리의 면적이 확대될수록 서식에 큰 영향을 줄 수 있다.

두 개의 군집 혹은 천이단계가 겹치거나 서로 다른 종 및 구성의 식물군집으로 이루어진 지역을 추이대(ecotone) 또는 주연부라고 하는데, 숲가장자리와 추이대는 독특한 서식지 특성을 비롯하여 인접한 군집과 천이단계의 특성이 더해지기 때문에 야생동물에 있어서 풍부한 서식지를 제공한다.

천이는 서식지 관리에 매우 중요하다. 특정한 동물의 보호가 필요하다면 그 동물이 좋아하는 천이단계를 유지하는 조치가 필요하다. 산불은 야생동물의 서식지에 부정적으로 작용하지만, 불필요한 식생을 제거하거나 초본류의 도입을 통해 노루 등의 서식을 유도한다.

5) 고사목 관리

고사목은 식물과 무척추동물, 조류, 포유류 등 많은 종의 생존 유지를 위한 둥지 또

그림 17-8 새 보금자리인 고사목의 구멍

는 피난처이다. 고사목은 최소 흉고직경 10cm 이상, 수고 3m 이상인 죽은 또는 부분적으로 죽은 나무를 의미한다. 활엽수 고사목은 변재가 부후되지 않았으나 침엽수 고사목은 부후 속도가 빠르다. 야생동물 중에서 몇 종만 연한 나무에 구멍을 만들 수 있으며, 연한 고사목은 동물의 먹이가 되는 무척추동물을 위한 미세서식지를 제공한다. 일부 동물에게는 은신처 및 서식지가 된다.

고사목의 크기와 높이는 야생동물이 고사목에 둥지를 만드는지를 결정짓는 요인이다. 나무구멍[수동]에 둥지를 짓는 조수는 선호하는 높이가 있다. 조수의 몸 크기는 둥지가 충분한 공간을 제공하는 최소 직경과 직결된다. 나무구멍을 둥지로 이용하는 조류가 서식하려면 흉고직경이 25cm 이상 되어야 한다.

6) 물가[水邊] 관리

물가는 육지보다 습도가 높으며 물이 흐르는 지역을 서식지로 하는 식물이 사는 독특한 환경이다. 물가지역의 경사와 지형, 토양, 하상 형태, 수질, 고도, 식생 군집 등에 따라 식생 규모와 구조가 다양하다. 동물은 다른 지역에 비해 물가를 더 많이 이용한다. 물 안에서 서식하는 척추동물이나 먹이를 섭취하는 종은 물가 가까운 곳에 서식한다. 물가지역은 생산성이 높은 수종이 분포하고 산림휴양객의 이용빈도가 높다.

물가가 야생동물에게 중요한 이유는 ① 물가는 서식지 구성 요소의 한 가지 또는 모두를 제공한다. ② 물가는 토심이 깊고 수분이 충분하여 생산성이 높고 다양한 식물이 서식하므로 동물군집의 구조적 다양성이 증가된다. ③ 물가는 직선 형태로서 숲가장자리의 발달은 야생동물의 높은 다양성을 촉진한다. ④ 물가는 여러 층의 식생 구조가 존재하므로 조류에게 휴식처와 먹이를 제공한다. ⑤ 물가의 미세기후는 높은 습도와 증발률, 넓은 그늘(음지), 원활한 공기 유통으로 쾌적한 환경을 만든다. 특히 물을 좋아하는 고라니는 물가가 중요한 서식지이다. ⑥ 물가는 조류, 박쥐, 고라니 등 다양한 동물의 이동통로이다.

물가나 인근 산림에서의 작업은 계류생태계에 미치는 영향이 크므로 계류 양쪽 10m 이내에서는 실시하지 않는다. 야생동물이 산림 내에서 적정한 개체수를 유지하려면 물가의 환경이나 숲가장자리 비율 등 서식지 다양성을 최대화해야 한다(임신재 등, 2012).

The value of forest

제18장 청소년의 교육장소

1. 산림교육

　산림교육이란 산림의 다양한 기능을 체계적으로 체험·탐방·학습함으로써 산림의 중요성을 이해하고, 산림에 대한 지식을 습득하며, 산림과 인간의 관계를 자각함으로써 인성과 지성을 연마하는 교육을 말한다. 산림교육은 자원, 환경, 문화에 대한 교육으로 분류한다. 산림자원교육은 산림자원의 경제적 가치를 이해하고 생산, 관리, 활용의 과정에 효과적으로 참여할 수 있게 하는 교육이다. 산림환경교육은 산림의 환경 및 공익적 기능과 가치를 이해하고, 이를 유지·관리하는 것을 목적으로 하는 교육이다. 산림문화교육은 산림과 연계되어 형성된 문화, 전통, 예술 등의 정신적 가치를 이해, 감상, 전파하는 교육이다(산림청 홈페이지).

2. 산림교육의 중요성

　자연과 먼 환경에서 자란 아이들은 자연에 대한 무관심, 공포감, 혐오감을 가질 수 있다. 또한 자연은 불결하고, 위험하고, 무질서한 것으로 받아들인다. 이 같은 자연공포증은 어른이 되어 자연과 관련된 의사결정 위치에 놓일 경우 거리낌 없이 자연파괴나 무차별적인 개발을 실행하는 결정적 원인이 된다.
　산림교육은 자연결핍증에 걸려있는 아이들에게 바이오필리아(biophilia)를 심어주는 것이다. 바이오필리아는 다른 생명체가 인간과 다르지 않으므로 그들에 대한 사랑을 뜻한다. 하버드대학의 윌슨 교수는 '인간은 태생적으로 바이오필리아를 가지고 있다'고 하였다. 바이오필리아는 생명체가 지닌 아름다움을 발견하고 이해하고 음미하는데서 출발한다. 아름다움을 느끼면 사랑하고, 사랑하면 소유하고 싶고, 소유는 보호와 보전의 동기를 부여한다(탁광일, 2013).

교육 목적이 살기 좋은 사회를 지속가능하게 하고 개인의 지위나 소득 향상에 의한 삶보다 행복하고 진정한 삶을 영위하는 것이라고 한다면 숲에서 더 많은 교육활동이 이루어져야 할 것이다. 교사나 숲해설가에 의한 교육 외에도 어린 시절부터 부모와 함께 자주 숲을 찾아가면 청소년의 인성과 덕성이 자연적으로 성장할 것이다.

3. 산림교육의 효과

자연환경이 지닌 교육효과를 최대한 살리려면 숲, 강, 습지, 갯벌 등 현장에서 이루어지는 체험학습을 적극적으로 활용해야 한다. 탁광일(2013)과 국립산림과학원(2013)은 숲속에서 이루어지는 교육활동은 교실에서 얻을 수 없는 다음과 같은 효과가 있다고 하였다.

가. 자연사랑 증가

학생들은 숲에서 보고, 듣고, 만지고, 느끼면서 깨달을 수 있다. 숲속의 나무, 풀, 동물, 곤충들의 모습과 이들이 만들어 내는 소리, 숲속의 다른 생태계와의 관계, 숲이 보

그림 18-1 물가 옆 숲속을 산책하는 아이들

여주는 선과 색 등은 훌륭한 교육 자료이다. 숲은 자체적으로 큰 교육적 가치를 가지고 있으며, 다른 개체와의 관계 질서 또한 오감을 통해 알려주면서 자연에 대한 관심과 사랑을 키워준다.

학생들이 살고 있는 사회와 주변의 숲 또는 자연과의 관계에 대해 이해가 높아지면 필연적으로 자연보전에 기여한다. 생태계는 상호의존하거나 연관되어 있으므로 생태계의 원리를 체험적으로 이해한 학생들은 인간활동이 생태계에 미치는 영향을 생각하고 이를 방지하려는 노력을 기울인다. 예를 들어, 유아숲 체험원의 유아는 자연환경을 더 선호하고 생명에 대한 존중, 동식물에 대한 호기심이 더 높은 것으로 나타났다.

나. 창의성 발달

교실에서는 교사의 일방적인 주입식 교육이 이루어지기 쉽고 사고력을 높이는 것 외에는 다른 능력을 개발하기 어렵다. 그러나 숲속현장 교육은 행동으로 배우므로 머리로 생각한 것을 보충하고 확인할 수 있어서 다양한 지적능력 발달에 도움을 준다. 즉, 숲은 유아의 창의성, 집중력, 탐구능력을 향상시킨다.

다. 환경문제 관심 증가

악화되고 있는 환경문제를 해결하기 위해 친환경적이고 지속가능한 생산방식이 도입되고 있다. 친환경 생산은 생태계의 원리를 모방하거나 응용한 것이 대부분이며, 숲에서 생산한 먹거리는 더욱 각광을 받고 있다. 숲체험은 학생들의 환경에 대한 인식을 변화시킨다. 초등학생의 산림체험프로그램 체험 전후의 환경태도를 비교한 결과, 환경일반, 환경오염, 에너지, 동물보호 등 모든 주제에 대한 인식이 향상된 것으로 나타났으며, 관련된 정서와 행동진술영역도 향상되었다. 또한 제주도에서 숲생태 체험학습효과를 연구한 결과 환경에 대한 관심, 감수성, 실천의지가 모두 향상된 것으로 나타나 체험학습이 이론학습보다 훨씬 더 효과적이라는 것을 확인하였다.

라. 자아개념 형성

자아실현 이론으로 유명한 매슬로(Maslow)는 인간의 기본욕구를 크게 다섯 단계로

그림 18-2 장수군 숲속 유치원

구분했다. 즉, 생리적 욕구, 안전에 대한 욕구, 친화욕구, 평가 욕구, 자아실현 욕구를 말한다. 피라미드 구조로 된 다섯 단계의 욕구 중 생존에 가장 중요한 생리적 욕구와 안전에 대한 욕구는 아래에 위치해 있으며, 심미적 특성이나 창의적 개성을 추구하는 자아실현 욕구는 가장 높은 곳에 위치해 있다. 자아실현 욕구는 자기자신의 충족, 즉 개인이 가지고 있는 능력의 잠재성을 현실화하려는 욕구이다. 궁극적으로 개인의 완성을 뜻하고, 자아실현자는 비자아실현자보다 창조적이며 효과적인 삶을 살 수 있다 (윤철경 등, 2014).

숲은 유아의 인지적(IQ), 정서적(EQ), 사회적(SQ) 자아개념을 높이는 역할을 한다. 9주간의 숲체험 활동을 한 유아들을 관찰한 결과, 초기의 자연에 대한 단순한 호기심이 자연동화, 숲 보존의식으로 발전되고 놀이유형도 개인놀이에서 협동놀이로 변화하였다.

마. 면역력 향상

숲체험은 아동·청소년들에게 신체적 면역력을 높인다. 소아 만성질환자들의 증상 개선효과, 질병인식도 상승효과, 면역불균형 개선효과, 심리적 안정감, 우울증 회복에 긍정적인 영향을 끼친 것을 의미한다.

바. 사회성 발달

숲은 학교폭력을 예방하고 원활한 친구관계 형성에도 중요한 영향을 미친다. 학교에 적응하지 못하는 중학생을 대상으로 학교폭력 예방 숲체험 프로그램을 실시한 결과, 아이들의 심박변이도에서는 스트레스 저항력이 높아지고, 스트레스 지수가 눈에 띄게 줄어들었으며, 교감신경계는 감소하고, 부교감신경계는 증가하여 정서적으로 안정되었다. 또한 사회성 점수가 평균 이하인 초등학생을 대상으로 2박 3일간의 숲체험 프로그램을 진행한 결과 학습태도, 친밀감, 정서적 만족 등 친구관계 전반이 개선되었다. 정신지체학생의 부적응행동 완화를 위해 숲교육을 교과에 적용한 결과, 아동청소년 행동평가척도의 불안과 우울, 산만함, 정서불안, 공격성 및 문제행동 등이 눈에 띄게 개선되었다(산림청 홈페이지).

그림 18-3 강릉고등학교 내 울창한 소나무숲

4. 학교숲의 효과

학교숲의 효과에 대하여 전영우(1999)는 학교 주변 숲의 녹색밀도와 학교폭력 및 집단따돌림 간의 관계를 비교분석한 결과, 학교폭력 및 집단따돌림의 비율은 숲의 녹색밀도와 정확히 반비례하였고, 학교 주변 녹지가 감소될수록 학교 내의 폭력발생이 증가하는 것으로 나타났다. 국립산림과학원(2013)의 연구에 따르면, 숲이 있는 학교가 학생들에게 집중력, 호기심, 정서적 균형 등 교육적인 효과면에서 긍정적으로 평가됐다. 또한 학교숲을 조성하면 아동의 공격성 완화에 영향을 미치는 것으로 나타났다.

학교숲에서 수업을 받은 학생들은 에너지, 기쁨, 즐거움 등 긍정적 정서가 향상된 반면 스트레스, 분노지수는 감소하였다. 특히 학교숲은 주의력결핍행동장애 학생에게 큰 효과가 나타났다(국립산림과학원, 2013).

5. 학교숲 조성

가. 학교숲 유형

학교숲은 경계형, 근린녹지형, 환경조절형, 전문학습원, 역사문화형 등 크게 5유형으로 분류하고, 다시 16개의 숲으로 세분할 수 있다(표 18-1).

표 18-1 학교숲 유형

구분		조성대상지	사 례
경계형	공동경계숲	학교와 이웃의 경계구역에 공동으로 조성. 경계선 좌우로 숲을 조성할 수 있는 면적이 필요하며, 담장이 있으면 이를 철거하고, 경계 좌우에 10~14m의 숲 조성	
	단독경계숲	이웃과 경계가 있으나 학교 쪽에만 조성	

구분		조성대상지	사례
근린 녹지 형	비탈숲	경계지역이 비탈로 된 곳에 조성	
	야외숲	학교 안에 잔존 식생이 있지만 소외되었던 공간을 숲으로 조성	
	모퉁이숲	교내 모서리 부분을 이용하여 조성	
	미래숲	정문에서 본관이나 교실 건물로 진입하는 통행로에 직선으로 조성	
	화단숲	현재 조성된 화단의 폭을 넓혀 조성	
환경 조절 형	소음방지숲	학교 주변의 소음원으로부터 학습환경을 보호하기 위하여 조성	
	시각차폐숲	학교 주변의 학생들의 시각을 저해하는 요소를 차폐하기 위해 조성	
	기후조절숲	교정이 넓고 트여 있거나 공업지역에 위치한 경우 바람과 먼지 등으로부터 학교환경을 보호하기 위해 조성	
	중정원	학교 건물 사이의 중앙 공간에 조성	
전문 학습 원	학습원	자연학습원, 재배장, 사육장, 관찰원, 실습장, 연못 등의 명칭으로 설치된 곳 주변	
	화목원	꽃피는 나무를 중심으로 소형 정원 구성	
	향기원	주로 방향식물을 이용해 조성	
	식물원	학교 공간이 크고 교내에 일정 면적의 숲이 있으면 이곳을 적극적으로 활용해 학습원 겸 식물원 또는 수목원으로 조성	
역사 문화 형	학교전통숲	학교의 역사와 전통이 연관된 숲	
	문화유적숲	주변의 문화적 특성을 학교숲 조성에 반영된 숲	

(자료 : 산림청)

나. 학교숲 관리

학교 안의 숲은 향토·자생 수종으로 조성하고 방음, 교육, 휴식, 경계 등 그 기능이 최대로 발휘될 수 있도록 유지·관리한다. 학교숲에 대한 만족도를 높이기 위해서는 환경적, 교육, 휴게 및 생태적 기능이 함께 반영되어야 하며, 학교숲 면적 및 비율도 증가시켜 1인당 학교숲 면적을 확대시켜야 한다. 학교숲 유형에서 경계숲 및 화단 숲 등 화단에 수목을 추가하는 방식보다는 야외숲과 같이 학교숲을 이용할 수 있는 공원형 방식으로 조성한다(장철규 등, 2009).

그림 18-4 제주 애월읍 천연기념물숲에 인접한 납읍초등학교

그림 18-5 서울 종로구 신교동 맹학교 숲

그림 18-6 강릉 성산초등학교에 인접한 숲

The value of forest

제19장 찬바람 생성

1. 우리나라 100년간의 기온 변화

낮에는 폭염, 밤에는 열대야가 연이어 기승을 부린 여름은 많은 사람들이 에어컨을 필수품으로 꼽았다고 하며, 매년 에어컨 판매대수가 사상 최고를 나타내고 있다 기상청은 지난 106년(1912~2017) 동안 우리나라 연평균 기온을 분석한 결과 그림 19-1과 같이 최고기온은 10년마다 0.12℃씩 증가하였고, 최저기온은 10년마다 0.24℃씩 높아져 최저기온 상승률이 최고기온의 2배나 되었다.

여름일수는 10년마다 1.2일씩 증가하고, 한여름보다 5월과 9월에 크게 증가하여 여름이 길어졌다 열대야일수는 10년마다 0.9일씩 증가하여 과거 30년보다 최근 30년에

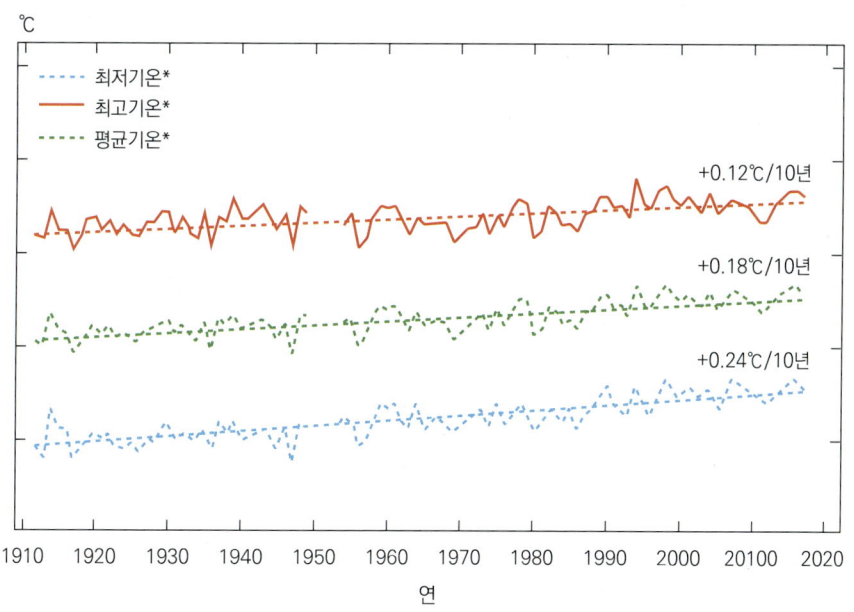

그림 19-1 우리나라 연평균기온의 변화(자료: 기상청)

약 2배 증가하였는데, 특히 8월의 열대야 발생빈도는 1.8일에서 6.2일로 가장 큰 폭으로 증가하였다(국립기상과학원, 2018) 이상의 결과를 보면 지구가 더워지고 한반도도 기온이 상승하고 있는데 특히 대도시의 여름은 고온 현상이 나타나고 있다.

도시지역에 살고 있는 인구의 비율을 도시화율이라 하는데, 2014년 91%를 넘어서 계속 증가하여 2021년 현재 91.8%를 차지하고 있으며, 농촌지역보다 높은 기온을 보이는 도시열섬현상이 발생하고 있다. 도시열섬은 바람이 없는 맑은 날 밤에 주로 대도시에서 나타나는 현상으로 도시 내부가 외곽 지역에 비해 기온이 높은 것이다. 그 원인은 도시 내부의 주택이나 공장, 자동차 등에서 배출되는 인공열, 콘크리트로 지은 건축물과 아스팔트로 뒤덮인 도로 등 구성물질의 열적 특성, 도시 상공에 떠 있는 미세먼지나 탄산가스 등 대기오염 물질의 영향 등을 들 수 있다.

그림 19-2 찬 공기의 통로가 되는 서울 양재천과 주변 숲

한낮의 무더위는 밤에도 계속되어 야간 최저기온이 25℃ 이상인 밤을 의미하는 열대야가 일상적으로 되었다. 뜨거워진 도시를 식히려면 숲을 조성하고 찬바람이 생성되는 산지에서 물길을 통해 도심으로 들어오게 하는 방법이 최선이다. 도시숲을 지속적으로 조성하고 하천을 복원하여 물길을 드러내는 사업이 필요하다.

2. 숲과 도시의 기온 차이

최근 지구온난화로 지구의 평균 기온이 꾸준히 증가하여 예년에 비해 더위가 일찍 시작되고 길어지는 현상이 지속적으로 나타나고 있다 지난 100여년동안 우리나라 서울, 부산, 대구, 인천 등 7대 대도시의 평균기온은 1.8℃ 상승했다(그림 19-1) 지구 평균기온이 지난 130년 간 0.85℃ 상승한 것과 비교하면 상승폭이 무척 큰 것이다.

도시숲은 여름 한낮의 평균 기온을 3~7℃ 낮춰주고, 평균 습도는 9~23% 높여준다. 양버즘나무(플라타너스) 한 그루는 하루 평균 15평형 에어컨 10대를 7시간 가동하는 효과가 있다고 한다. 도시숲에 대한 도시열섬 완화효과를 분석한 결과 1인당 생활권 도시숲이 1m3 증가할 경우 전국 평균 소비전력량이 20KWh 감소하고, 도시의 여름철 한낮 온도를 1.15℃ 낮추는 것으로 나타났다(국립산림과학원).

국립기상과학원(2015)에 서울 강남구 선정릉과 주변 도시지역 기온을 2년 이상 분석한 결과 8월 오후 4시 평균기온은 삼성동 빌딩과 상가 밀집 지역의 경우 31.5℃, 선정릉 내부의 경우 28.3℃로 조사되었다. 같은 시간대 서울 종로구 송월동 기상관측소 평균 기온(30.1℃)과 비교하면 삼성동 빌딩과 상가 밀집 지역은 1.4℃ 높았지만, 선정릉 안의 기온은 송월동 기상관측소보다 1.8℃, 도시지역보다 3.2℃ 낮았다. 결국 숲과 도시의 기온은 2℃ 이상 차이가 난 것이다.

도심의 숲이 시원한 이유는 나뭇잎 등이 머금은 수증기가 증발하며 열을 빼앗는 냉각효과에 울창한 나무의 그늘 효과가 더해졌기 때문이다. 반면에 콘크리트 빌딩과 아스팔트 도로 등과 같은 인공구조물은 낮에 태양열을 흡수했다가 저녁에 열을 밖으로 내뿜어 상대적으로 높은 기온을 유지하기 때문이다.

윤민호 등(2009)은 기온이 거리에 따라 급격하게 변화하는 지역을 기온완화구간이라고 정의하고, 100m당 0.1℃ 이상의 기온저감을 기준으로 기온완화효과 영역을 설정하였다. 녹지의 기온저감 영향이 녹지로부터 반경 500m까지 미친다는 선행연구를 토대로 기준을 설정할 경우 시가지 중 100m당 0.1℃ 이상의 기온저감 영향을 받는 면적은 67km²로 전체 서울시 면적의 11%이고, 시가지면적을 기준으로 할 경우 18%를 차지하므로 서울시 인구의 18%가 기온저감 수혜인구로 추정하였다. 또한 녹지의 경계와 시가지의 기온은 최저 0.3℃, 최대 1.7℃, 평균 0.78℃ 차이를 보였다고 하였다.

권영아 등(2001)은 2000년 6월부터 창덕궁, 창경궁, 종묘 등 서울에 있는 3개의 고궁과 주위 지역 22곳의 기온을 6개월 동안 조사한 결과 6~8월에 고궁 안의 기온은 이곳에서 600m 떨어진 혜화동 로터리 일대보다 3~4℃나 낮았다고 하였는데, 고궁 안의 숲에서 생성된 시원한 공기가 바람을 타고 주변으로 퍼져 기온을 낮춘 것이다. 고궁 중에서도 녹지가 많은 창덕궁이 '에어컨 효과'가 가장 높았다고 하였다.

인구가 많은 도시는 온도가 매우 높은 열섬이 된다. 그러나 도시 안에 만들어진 작은 냉섬, 즉 숲은 열섬을 조각조각 잘라 열섬효과를 낮춘다. 도시 한가운데 위치한 고궁과 산림공원이 도시를 냉각하고 있다.

그림 19-3 서울 창덕궁 회화나무와 소나무 혼합 숲

그림 19-4 대부분 숲으로 둘러싸인 18.7헥타르의 서울 종묘

3. 숲은 시원한 바람의 근원

지형 특성에 따른 부등가열로 인해 발생하는 국지적 바람은 해륙풍과 산곡풍이 있다. 해륙풍의 발생기작을 보면 육지는 바다에 비하여 열의 흡수나 방출이 빠르므로 육지와 바다가 접해 있는 곳에는 온도의 차이가 생긴다. 낮에 가열된 육지는 밤이 되면 바다에 비하여 빨리 냉각되고, 바다는 천천히 냉각되므로 위에 있는 공기는 상대적으로 따뜻한 바다의 영향으로 가열되어 상승하게 된다. 육지 위의 공기는 차가운 육지쪽으로 냉각되어 지표 근처에 머물며, 결과적으로 상승하는 공기의 빈자리를 매우기 위하여 바다 쪽으로 이동하게 된다. 반대로 낮에는 먼저 가열된 육지에서 상승기류가 발생하므로 바다에서 육지로 바람이 불게 된다.

골바람과 산바람을 합해 산곡풍(山谷風)이라 하는데, 산곡풍은 지형적 영향과 부등가열의 영향을 동시에 받는다. 낮에 해가 뜨면 먼저 산의 정상부분과 능선부분이 계곡에 비하여 먼저 가열된다. 따라서 먼저 가열되어 상승하는 정상과 능선부분의 공기를 채워주기 위하여 계곡의 공기가 산의 정상과 능선 부분으로 이동하게 되어 골바람이 분다.

오후에는 산의 정상이 먼저 냉각되므로 산 꼭대기에서 계곡 방향으로 산바람이 분다.

숲에서는 찬공기가 1시간에 30m3/m2 생성되고, 나지에서는 절반인 15m3/m2이 생성되므로 숲은 시원한 바람의 근원이다. 찬공기 발달의 지형조건은 비탈면형태, 비탈면길이, 경사 등에 따라 다르지만 반드시 숲이 있어야 한다. 밤에 산에서 냉각된 찬공기는 골짜기를 따라 아래로 이동하는데 골짜기의 지형 조건과 숲의 상태에 의해 찬공기의 생성면적이 달라진다. 산이 중첩되어 골짜기가 길고 숲이 울창하면 계곡에 물이 많으므로 찬공기가 많이 생성된다(손학기, 2013).

2016년 국립산림과학원은 많은 인구가 분포하는 도시지역으로부터 멀리 떨어져 있는 백두대간과 달리, 도심 인근에 위치하는 정맥의 숲은 폭염을 완화시킬 수 있는 찬공기를 생성하며, 특히 밤 10시부터 생성된 찬공기를 공급하는 통로역할을 통해 인

그림 19-5 도시를 둘러싼 숲에서 찬공기 공급

접 도시의 열대야 현상을 완화시킨다고 하였다.

　호남정맥이 위치하는 전주지역을 대상으로 지형과 토지이용에 따른 찬공기 생성 정도, 찬공기 흐름과 층 높이에 대해 분석한 결과, 밤이 되면 호남정맥의 산림으로부터 차가운 공기가 계곡으로 이동해 도심으로 유입됐다. 밤 10시부터 새벽 4시까지 시간이 경과함에 따라 정맥에서 생성된 찬공기의 흐름 및 찬공기층이 증가했으며, 계곡 부근에서 찬공기층이 가장 두껍게 형성됐다. 또한 호남정맥과 가까운 전주의 야간기온 감소(2013년 5℃, 2015년 3.8℃)가 상대적으로 멀리 떨어진 김제(2013년 2.2℃, 2015년 1.8℃), 익산(2013년 4.0℃, 2015년 2.7℃)의 야간기온 감소보다 크게 나타나 호남정맥 숲에서 생성되고 공급되는 찬공기의 영향을 확인하였다(김동현 등, 2011).

4. 찬공기 생성을 위한 산림관리

　찬공기의 원천인 산에 나무가 없다면 찬공기 생성은 충분하지 않다. 숲은 낮의 복사열을 방지하고 토양의 표면에 그늘을 줄 뿐만 아니라 미세기후에 의한 수분을 가지고 있다. 산(숲)에서 생성된 찬공기를 산기슭에 있는 도시로 유입하기 위해 산과 주거지 사이에 있는 숲은 지하고를 높게 하고, 임목밀도가 과도하지 않도록 조절해야 한다. 임목밀도가 너무 높으면 바람의 이동을 방해하므로 솎아베기를 강하게 하고 가지치기 역시 강도로 하여야 한다.

　만약 산 계곡에서 내려오는 물줄기가 도심을 통과하도록 설계하고 물길이 이어진다면 도시 냉섬효과가 커지며, 물줄기를 따라 양옆에 그늘을 줄 정도의 큰 나무가 있으면 그 효과는 더욱 커질 것이다. 물과 나무 모두 시원하다는 느낌은 직접적인 효과 외에도 간접적으로 청량감을 더한다.

　중앙아시아의 알프스라고 부르는 키르기스스탄의 수도 비쉬켁은 도시 내 울창한 숲을 가지고 있어 녹색도시로 손색이 없다. 그런데 여름 두달 동안은 비가 전혀 오지 않고 기온이 40℃에 이르러 상당히 더운데, 히말라야 산맥의 끝 줄기의 눈덮인 산에서 흘러내려오는 물을 수로를 통하여 도시로 끌어들여 가로수 생장뿐만 아니라 도시를 시원하게 하는 역할을 하고 있다.

The value of forest

제20장 산불 확산 방지

1. 산불발생 요인

산불은 산림에 있는 임목, 낙엽 등의 가연성 물질, 착화에 필요한 에너지, 대기 중의 산소가 함께 공급될 때 발생한다. 즉, 낙엽 등과 같은 연료가 스스로 또는 인위적으로 착화점에 도달하여 산소를 매개로 많은 열과 빛을 동반하면서 임목이 타는 것이다.

가. 연료

연료는 불에 탈 수 있는 재료로서 고체연료(나무, 숯, 종이 등), 액체연료(석유, 휘발유, 알코올 등), 기체연료(천연가스, 부탄가스 등)가 있으며, 고체보다 액체가, 액체보다 기체가 더 잘 연소된다. 그 이유는 고체-액체-기체 순으로 열분해 과정 없이 연소가스가 쉽게 발생되거나 존재하기 때문이다.

나. 착화원

착화원은 연소물질이 발화점 이상의 온도를 제공함으로써 연소과정이 진행되는 열에너지를 말한다. 발화점은 공기 중에서 물질을 가열할 때 스스로 발화하여 연소를 시작하는 최저온도로서 착화점이라고도 한다. 목재의 착화온도는 270℃로서 석탄 330~450℃, 중유 530~580℃보다 상당히 낮다.

다. 산소

대기 중에 일정 농도 이상의 산소가 존재해야 연소가 일어난다. 착화된 산불은 확산 또는 진화되기까지 주변 환경인자의 영향을 받는다(그림 20-1). 산불에 영향을 주는 환경인자는 지형, 임상(연료), 기상으로서 지형과 임상은 시간이 경과하여도 변하지 않으나 기상은 대기상태에 따라 풍속, 풍향, 기온, 습도 등이 달라진다. 3가지 인자에 의해 산불의 강도, 진행방향, 확산속도 등이 결정된다.

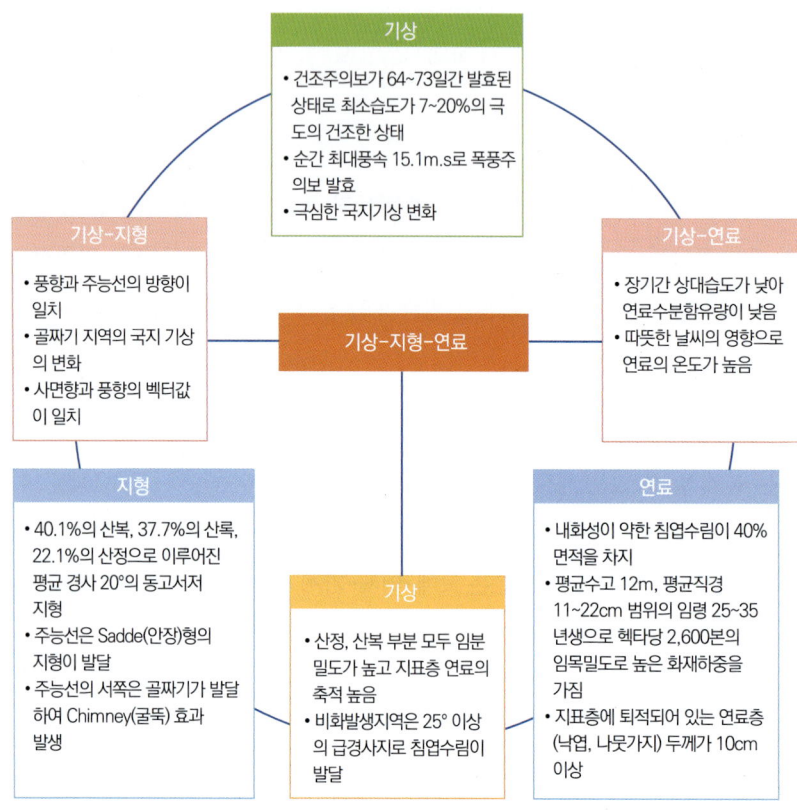

그림 20-1 산불환경 인자별 특성 및 상관관계(자료 : 임업기술핸드북, 2012)

2. 산불의 종류

산불은 지표화, 지중화, 수관화로 나눈다. 지표화는 가장 일반적인 형태의 산불이며, 표토층 위의 관목, 죽은 가지, 풀, 낙엽 등이 타는 것으로 쉽게 진화가 가능하다. 지중화는 표토층 바로 위의 유기물층이 타는 것으로 지표화가 지속되면서 아래로 불이 붙어 발생한다. 산소 공급이 적으므로 천천히 오랫동안 타서 낮에는 잘 보이지 않을 수 있으며, 산불면적이 확대한다. 수관화는 산림의 수관, 즉 가지와 잎이 달린 부분

그림 20-2 산불이 발생한 숲(ⓒ 임주훈)

이 불에 타는 것이며 지표화가 발전한 상태이다. 임목밀도가 높으면 수관에서 수관으로 불이 번지므로 쉽게 끌 수 없으며 헬기에 의한 공중진화로만 소화가 가능하다.

3. 산불발생 현황

우리나라는 따뜻한 겨울 및 기상이변의 확대로 인해 산불이 계절적으로 앞당겨 발생하고 일상화하고 있다. 즉, 따뜻한 겨울로 인해 1월부터 남부지역을 중심으로 산불 발생건수가 증가하고, 봄철에는 이른 고온현상 때문에 전국적으로 산불이 발생하고 있다. 산불은 최근 10년간(2012~2021) 연평균 481건이 발생하여 산림 1,087ha가 소실되었다(산림청 홈페이지).

계절별 산불 발생건수는 봄 45%, 여름 5%, 가을 7%, 겨울 43%로, 봄과 겨울에 대부분 발생하고 있다. 산불 원인은 입산자 실화(38%, 133건), 쓰레기 소각 등(14%, 49건), 담뱃불 실화(10%, 34건)가 대부분이다.

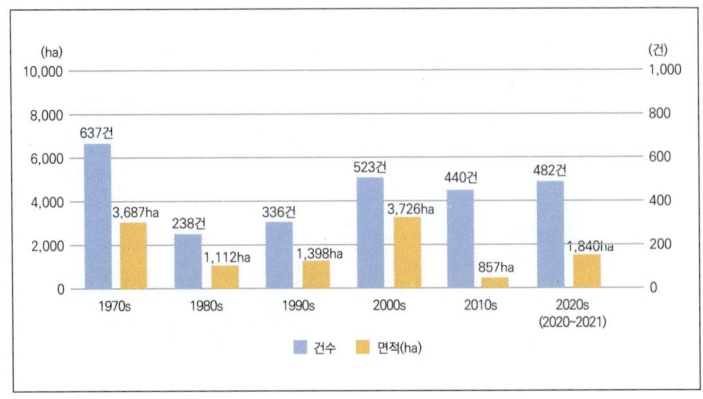

그림 20-3 산불의 발생건수와 피해면적(자료 : 산림청)

4. 산불의 영향

산불이 나면 단시간에 나무들이 피해를 받아 고사한다. 나무의 형성층은 60℃ 내외에서 죽는데 수피가 얇은 수종일수록 고사 확률이 높다. 큰 나무도 불의 영향을 받으면 생장이 떨어지고 병해충의 저항력이 약해진다. 산불은 생물다양성 감소, 야생동물 서식지 파괴, 토양양분 소실, 홍수피해 증가, 국지기상 변화, 이산화탄소 배출량 증가로 기후변화 등 환경피해를 초래한다. 또한 목재, 가축, 임산물 소득 손실, 산림의 환경기능 손실, 국립공원 파괴, 산업 및 수송교란으로 인한 경제적 피해가 막대하다. 한편 관광객 감소, 대기 중 연무농도에 따라 피부 및 호흡기 계통의 암과 만성질환이 증가한다.

그림 20-4 2000년 강릉에 발생한 산불피해

5. 산불 피해 예방

가. 숲가꾸기

산불피해를 줄이기 위해 숲 가꾸기 때 솎아베기 강도를 높여 혼합림을 조성해야 한다. 침엽수림은 현실에 따라 모두 베고 활엽수림을 조성할 수 있지만 불가능할 경우 임분밀도를 헥타르당 1,000본 이하로 조절한다. 나무가 없는 20미터의 완충지대 외곽의 폭 30미터 내외의 숲은 강한 솎아베기를 실시한다. 마을 주변의 숲은 가옥으로부터 50미터까지 솎아베기를 실시한다.

나. 방화선(firebreak) 조성

산지의 지형이 복잡하고 산속에 중요한 시설물이나 문화재가 있으며, 사람들이 사는 지역에서는 산불에 의해 재산과 인명의 손실을 가져온다. 숲은 문화재나 구조물 주변에 경관을 보호하는 절대적으로 필요한 자연이고, 이 숲에 산불이라는 재앙이 생기면 주요 시설물이나 주거지에도 피해가 발생한다.

국립산림과학원이 산불 피해지 인근에 위치한 가옥 및 문화재 등 시설물의 피해 정도를 조사한 결과 산불 피해 가옥 중 80% 이상이 산림과 10m 이내에 위치하고 있었으며, 활엽수림일 때 피해율이 17%였으나 침엽수림에서는 2.6배 높은 45%였다. 그

그림 20-5 산림 내 방화선 구축(ⓒ 임주훈)

러므로 숲과 시설물 사이에 수십m 간격을 두고 나무와 하층식생을 제거하는 방화선을 구축하면 산불피해가 감소한다. 주요 시설물 보호를 위하여 시설물로부터 20~50m를 벌채하여 완충지대(나대지, 녹지대 등)를 조성한다.

산불이 커지면 방화선은 폭이 넓더라도 뛰어 넘기도 하고 경관상 불리하다. 또한 방화선 안에 있는 하층식생을 방치하면 오히려 불이 번지는 통로가 되므로 관리하기가 쉽지 않다. 방화선은 산불이 시작된 산지의 능선이나 반대 비탈면 능선 아래에 조성하면 피해를 줄일 수 있다.

다. 내화림(fire-resistant forest) 조성

숲에 있는 구조물은 산불위험에서 벗어나기가 쉽지 않다. 특히 자연이나 경관을 훼손하지 않아야 하는 문제를 극복해야 하는데, 숲과 구조물 사이에 산불이 더 이상 진행하기 어렵게 산불에 강한 나무를 식재하는 것이 가장 바람직하다. 선조들은 능 주변에 숲을 조성하였으나 능과 숲은 상당히 거리가 있으며 전통사찰은 주변에 동백나무를 심어 산불의 피해를 막았다. 2005년 양양 낙산사는 주변이 소나무숲으로 이루어져 산불에 전소되었는데, 산림을 복원하면서 주변의 숲은 산불에 잘 견디는 굴참나무 등 활엽수를 식재하였다.

내화수종은 수피가 두껍게 발달한 수종, 잎의 수분함량이 높아 수관에 의한 열 차단효과가 큰 수종, 산불피해 후 맹아발생이 잘되는 수종으로 선정한다.

표 20-1 기후대별 내화성 수종

기후대	특성	내화성 수종
온대	교목	참나무류, 느티나무, 물푸레나무, 은행나무, 황철나무, 황벽나무, 백합나무, 아까시나무
	아교목	소태나무, 쇠물푸레, 마가목
	관목	누리장나무, 닥나무, 사철나무, 탱자나무
난대	교목	녹나무, 생달나무, 후박나무, 가시나무류, 참식나무, 육박나무, 소귀나무, 조록나무, 먼나무
	아교목	아왜나무, 굴거리나무, 동백류, 붓순나무, 비쭈기나무, 후피향나무, 가마귀쪽나무
	관목	사스레피나무, 식나무, 팔손이, 꽝꽝나무, 협죽도

(자료 : 지속가능한 산림자원관리 표준매뉴얼, 2005

그림 20-6 통영 안정사 대웅전 뒷산에 소나무숲을 벌채하고 동백나무 내화림 조성

그림 20-7 고창 선운사 뒤 동백나무 내화림

The value of forest

제21장 바람막이

1. 바람의 생성과 종류

바람은 공기의 흐름이며 공기의 지표면에 대한 상대적 운동을 말한다. 지표는 같은 양의 햇볕을 받더라도 그 상태에 따라 온도가 달라지고 공기의 밀도도 달라진다. 바람은 대기의 균형을 이루기 위하여 밀도가 높은 곳에서 낮은 곳으로 흐르고, 밀도차가 클수록 바람의 세기도 강해진다. 기온과 기압의 차이가 생기는 곳이면 바람은 어디서나 불고, 바람의 속도는 공기의 온도차가 클수록, 기압의 차가 클수록 빠르고 강하게 된다. 바람은 수평 방향의 운동이며, 수직방향의운동은상승기류라고한다.

바람은 일반적으로 공간적 규모, 속도, 원인, 발생지역, 영향 등에 따라 분류한다. 바람의 강도를

그림 21-1 설악산 권금성의 잣나무 편향수

등급으로 나타낸 것이 보퍼트 풍력계급인데, 영국의 수로학자인 보퍼트가 해상상태를 관찰하면서 풍력계급을 고안하였다. 현재 기상청은 기계로 풍속을 측정하기 때문에 풍력계급을 거의 사용하지 않으나, 기계를 사용하지 않아도 바람의 세기를 알 수 있다. 세계기상기구(WMO)가 정한 계급번호 A와 풍속(V m/s)의 관계는 다음과 같다.

$$V = 0.836 A^{3/2}$$

강풍이 부는 곳에서는 나무들이 한쪽으로 치우쳐 자란 편향수를 볼 수 있는데, 한쪽에만 나뭇가지가 남아 있으므로 그 지역 바람의 강도와 방향 등을 알 수 있다.

표 21-1 보퍼트 풍력계급

번호	이름	해면상태	지상상태	지상풍속 m/초
0	고요(calm)	고요함	연기가 수직으로 올라감	0.0~0.2
1	실바람 (light air)	비늘과 같은 작은 파도	연기는 움직이나 풍향계에는 감지되지 않음	0.3~1.5
2	남실바람 (light breeze)	작은 파도가 확실히 보임	바람이 얼굴이 느껴짐 풍향계에도 감지됨	1.6~3.3
3	산들바람 (gentle breeze)	파도가 끝에서 부서지고 흰 파도가 보임	나뭇잎과 작은 가지가 흔들거림	3.4~5.4
4	건들바람 (moderate breeze)	흰 파도가 많고 파도 주기가 길어짐	먼지가 일고 작은 조각이 날리며, 작은 가지 움직임	5.5~7.9
5	흔들바람 (fresh breeze)	파도 주기가 길고 해면이 모두 흰 파도	잎 많은 작은 나무는 흔들리고 호수에 잔물결	8.0~10.7
6	된바람 (strong breeze)	큰 파도가 일기 시작하고 파도 앞면에 흰 파도가 임	큰 가지가 흔들리고 전선이 울리며, 우산받기 힘듦	10.8~13.8
7	센바람 (near gale)	파도 끝이 부서져 바람에 거품이 날림	나무 전체가 흔들거리고 걷기가 힘듦	13.9~17.1
8	큰바람 (gale)	큰 파도가 높아지고 파 끝의 물결이 바람에 날림	작은 가지가 꺾이고 바람을 향해 걸을 수 없음	17.2~20.7
9	큰센바람 (strong gale)	큰 파도가 날리고 물결이 심해지며, 날린 물방울 때문에 시정이 좋지 않음	기와가 벗겨지고 굴뚝이 넘어짐. 피해 발생	20.8~24.4
10	노대바람 (storm)	파도가 아주 높고 바람에 날린 물방울 때문에 시정이 좋지 않음	나무가 뿌리째 뽑히고 큰 피해 발생. 육상에서는 드물게 나타남	24.5~28.4
11	왕바람 (violent storm)	산 같은 큰 파도가 일고 시정이 보이지 않을 때도 있음	거의 없음	28.5~32.6
12	싹쓸이바람 (hurricane)	물거품 때문에 완전히 하얗게 보임	거의 나타나지 않음	32.7 이상

* 지상풍속은 지상 10m 높이의 풍속

2. 방풍림의 역할

바람의 영향에 의한 피해 및 풍속을 줄이기 위해 일직선으로 정렬된 띠숲을 방풍림이라 한다. 방풍림은 바람과 눈보라 경감, 야생동물 서식, 에너지 절감, 생울타리, 소음과 대기정화, 농작물 생산성 증대 등의 역할을 하는데, 올바르게 설계되고 조성되면 방풍효과가 오랫동안 지속된다.

방풍림은 장소와 기능에 따라 내륙방풍림과 해안방풍림으로 구별한다. 내륙방풍림에는 보호대상에 따라 농작물이나 과수의 바람 피해를 막기 위한 것, 가옥과 철도와 도로를 보호하는 것, 조림지를 보호하는 것, 강변의 모래날림을 방지하는 것, 풍수지리학적 개념에서 마을의 지형적 결함을 보충하는 것, 동물생산성 증가에 필요한 보호막(shelter)을 제공하는 것 등이 있다. 또한 제주도 감귤밭 주변의 삼나무처럼 경작지대의 경관성을 높이는 효과도 있는데, 방풍림 높이는 대략 4~10m로서 현무암 돌담과 함께 독특한 경관을 만든다.

내륙방풍림에서는 농경지방풍림이 가장 많은데, 농작물이나 과수의 기계적 손상과 생리적 생육 저해를 방지하며, 생산량과 품질을 향상하고, 농지의 토양침식과 양분비산을 막아 지력저하를 방지한다. 미국 미주리대학의 방풍림에 대한 연구결과를 보면 표 21-2와 같이 농작물의 종류에 따라 생산량이 8~25% 증가하였다.

표 21-2 농작물 생산 증가효과

작물이름	증산율(%)	작물이름	증산율(%)
옥수수	12	콩	13
보리	25	겨울밀	23
건초	20	봄밀	8

(자료 : University of Missouri Center for Agroforestry, 2013)

방풍림은 표토의 미립자 속에 잔류한 농약성분이 강풍에 날아올라 인접 토지를 오염시키지 않도록 하는 효과와 바람에 의해 초래되는 비사와 염분을 방지한다. 건조한 지방에서는 토양수분을 보전하는 효과가 커서 작물 수확량이 평균 10~20% 정도 증가된다. 한편 경지면적이 줄어들거나 일조량을 적게 하여 작물 생산이 감소되는 등의 역효과도 있다.

그림 21-2 덴마크 달가스 임업회사가 조성한 내륙 방풍림

그림 21-3 영흥도 십리포 해수욕장 소사나무 해안 방풍림

강한 계절풍이 부는 지방이나 빈번히 태풍이 통과하는 지역 등에서는 강한 바람에 의해 가옥이 파괴되기 쉽기 때문에 방풍림을 조성하여 바람으로부터 집을 보호한다. 방풍림이 있으면 낮에는 기온 및 지온의 상승이 느려지고, 증발량이 감소해 토양수분이 보존되는 효과가 있다. 또 풍향을 변화시키고 바람의 세기도 감소시킨다.

한편 해안방풍림은 폭풍이나 파랑, 모래날림을 막기 위해 해안지역에 설치하는데, 영농, 주거 등을 안전하게 하며 태풍 피해를 줄이고, 조풍해(潮風害 : 소금기를 지닌 강한 바닷바람이 불어와 나무나 작물에 주는 피해)를 크게 감소시켜 주는 유일한 자연물이다. 또한 겨울에는 바람을 막아주고, 여름에는 시원한 그늘을 제공하며 아름다운 경관을 유지하는데, 인천 영흥도 십리포 해수욕장에 있는 300여본의 150년생 소사나무 방풍림은 천연기념물로 지정될만큼 희귀하고 보전가치가 높다.

3. 대표적인 방풍림

가. 하동 송림

이 숲은 조선 영조 4년(1745) 하동 도호부사인 전천상이 마을로 날아오는 섬진강변의 바람과 모래를 막아 백성을 편안하게 하기 위해 광평리 일대에 식재하였으며, 면적은 2.6ha로서 600여 그루의 노송과 300여주의 어린 소나무가 있어서 넓은 백사장과 잘 어울린다. 숲은 마을에서 가장 아름답고 경치가 좋은 곳에 조성된 형태로서 천혜의 경관을 감상하고, 유유자적하는 조선시대 선비의 시를 짓는 장소로 최적인 곳이다. 또한 바람과 수해를 막아주고 모래가 날리는 것을 방지하는 기능을 갖고 있으므로 문화와 재해방지 기능을 잘 발휘한 숲이다(이천용c, 2009).

나. 완도 구계등 상록수림

완도의 가장 외진 곳에 있는 300년 역사를 가진 5ha의 방풍림은 주민들이 바다에서 불어오는 태풍과 해일 그리고 염분으로부터 농작물과 삶의 터전을 보호하기 위해 조성했다. 숲앞 바닷가에 있는 자갈해안은 푸른 돌들이 길이 700미터, 폭 80미터의 해안을 따라 펼쳐지고, 바다 속에서 아홉 계단을 내려가 있다고 하여 구계등(九階燈)이라고 부른다.

그림 21-4 낙동강변에 조성한 하동 소나무 방풍림

그림 21-5 완도 구계등 방풍림

밖에서 본 숲은 전형적인 방풍림의 모습으로서 바닷가 쪽은 낮고, 육지 쪽은 큰 나무들로 서 있어서 바람이 부드럽게 지나갈 수 있도록 다듬어지고 강한 바닷바람에 견디도록 여러 나무들이 단단히 얽혀있다. 가장자리에는 상동나무 등 난대 특유의 수종이, 숲 중간에는 팽나무, 후박나무 등, 가장 끝에는 소나무와 참나무류가 군데군데 치솟아 있다. 숲속으로 들어가서 살펴보면 하층은 자금우, 송악이 우점하며 교목층은 참나무류와 쇠퇴해 가는 소나무 그리고 할미당과 관리소 쪽에는 생달나무가 우점하고 있다. 남부 특유의 상록활엽수와 낙엽활엽수가 혼합림을 이루며 자연스럽고 안정감 있게 천이과정을 겪고 있는 숲이다. 방풍림은 배후에 높이의 20배까지 바람의 영향을 받지 않는 것이 일반적이다. 그래서 방풍림만 잘 조성되면 당연히 농사를 지을 수 있고 모래 등이 날라오는 것을 방지한다.

수십여 그루의 소나무 중에는 직경이 1미터나 되는 것도 있는데, 강한 바람과 염분에도 수백년동안 견디어 온 나무들이다. 숲의 진화되는 과정의 마지막 단계인 개서어나무는 직경이 50~70센티미터나 되는 것도 특이하다. 예덕나무, 장구밥나무, 상동나무, 소사나무, 생달나무는 앞쪽에 포진하여 바람을 먼저 막아 뒤의 큰 나무들에게 버틸 힘을 주고, 뒷줄의 굴참나무, 소나무, 서어나무 등은 그 덕에 잘 자란다.

폭이 100미터도 더 되는 이곳은 원래 소나무와 참나무 숲이었지만, 세월이 흐르면서 상록활엽수와 낙엽활엽수가 자연스럽게 혼합하여 숲을 이루었다. 그 가운데 소사나무는 난대기후대, 서어나무는 온대중부기후대, 개서어나무는 온대남부기후대에서 자라지만 이곳에선 함께 자란다. 함께 살 수 없는 힘한 바닷가에서 보기 드물게 다양한 나무들이 오랜 기간 동안 정착하여 숲을 이루었다.

4. 방풍림 조성

가. 수종

방풍림 조성 수종은 크고 빨리 자라며, 추위에 강하고 바람에 견디며 그 지역의 토양이나 입지환경에 적응을 잘 해야 한다. 바람을 막기 위해 여러 줄로 심으면 효과가 크므로 중간의 나무가 고사하더라도 방풍 기능을 유지하는 수종이 좋다. 또한 상록성

단순림보다는 침활혼합림으로 조성한다(이천용a, 2007). 또한 향토수종 중에서 식용, 장식, 조각, 약용, 특수재 등 다양한 용도를 가져 토지소유자에게 일정 수익을 주는 수종이 좋다.

방풍림이나 방풍 울타리는 지역의 풍토를 반영하는 대표적인 경관구성 수종으로서 그 지역에서 잘 생육하는 나무를 선택한다. 호남지방에서는 집 주변에 생장이 왕성한 대나무 숲이 방풍림으로 적절하고, 제주도는 귤밭 둘레를 삼나무로 막아 방풍효과를 높이고 있다. 일반적으로 방풍림으로 쓰이는 수종은 곰솔, 느티나무, 팽나무, 가시나무, 참나무류, 포플러 등이다.

나. 방법

방풍림은 환경보전 목적으로 여러 줄의 관목이나 교목을 교호되게 줄지어 심어야 효과가 크므로 그 성과는 적정수종, 식재밀도, 식재간격에 따라 다르다. 너비는

그림 21-6 호남지역의 방풍림 대나무숲(담양 소쇄원 원림)

20~40m가 적당하며 주된 풍향에 직각 방향으로 설치한다. 방풍림 간격은 수고의 20배 정도가 되게 한다. 임분밀도가 높은 산림은 나무 높이의 약 4배가 되는 거리 안에서 최대 풍속 감소량이 약 65%이다.

표 21-3 임분밀도와 나무 열수에 따른 조림수종

임분밀도	25~50%	51~65%	66% 이상
보호 대상	농작물, 토양, 눈보라	적설	농장, 가축, 야생동물 소음 (10열)
방풍림 조성	- 1열 식재 : 낙엽관목 - 2열 식재 : 활엽수와 낙엽관목	- 1열 식재 : 상록수 - 2열 식재 : 상록수와 활엽수 - 3열 식재 : 활엽수 교목과 활엽 관목의 혼합림	- 2열 식재 : 상록수 - 3열 이상 식재 : 상록수, 낙엽수, 낙엽관목의 혼합림

(자료 : www.extention.umn.edu)

그림 21-7 덴마크 북부지방 농경지에 조성한 4열 방풍림

The value of forest

제22장 기후변화 저감

1. 기후변화의 뜻과 원인

기후변화란 기후 시스템이 인위적 요인과 자연적 요인에 의하여 점차 변화하는 것을 말한다. 유엔기후변화협약(UNFCCC)에서는 '직접적 또는 간접적으로 전체 대기의 성분을 바꾸는 인간활동과 일정 시간동안 관찰된 자연적 기후변동을 합하여 기후변화'라고 한다.

기후변화 요인은 자연적인 것과 인위적인 것이 있다. 자연적 요인에는 대기, 해양, 육지, 설빙, 생물권 등 내적 요인과 화산 분화에 의한 성층권의 부유 미립자 증가, 태양 활동의 변화, 태양과 지구의 천문학적 상대위치 관계 등 외적 요인이 있다. 인위적 요인에는 화석연료 과다 사용에 따른 이산화탄소 등 대기 조성의 변화(온실효과에 의한 지구온난화), 인위적인 에어로졸에 의한 태양 복사의 반사와 구름의 광학적 성질변화(산란효과에 의한 지구 냉각화), 과도한 토지이용이나 토지피복의 변화 등이 있다. 인류생명 유지에 필수적인 산림을 파괴하는 도로건설, 벌목, 농경지 확대, 연료채취 행위는 기후변화에 심각한 영향을 미친다.

2. 지구온난화

유엔 산하 기후변화에 관한 정부간 협의체(IPCC)는 2021년 제6차 보고서를 발표하였는데, 산업혁명 이후 지금까지 지구온난화로 지구의 평균기온은 1.09℃, 해수면의 높이는 19cm 상승했으며, 2100년까지 지구 온도가 최대 4.8℃, 해수면은 최대 100cm 상승할 것으로 예측했다. 인류 문명이 시작된 후 평균온도 상승이 1℃이었음을 감안하면 이는 엄청난 변화이다. 기온을 1.5℃로 억제해도 해수면은 2100년에 28~55cm, 혹은 최대 1m 상승한다고 추정하므로, 삼면이 바다인 우리나라로서는 염려스러울 수밖에 없다.

지구온난화가 통제되지 않은 채 전망대로 해수면이 상승하면 저지대 해안도시 상당수가 침수되는 등 환경에 큰 변화를 맞을 것이다. 부산발전연구원(2015)은 해수면이 1미터 상승하면 부산에 있는 해수욕장, 주요 항만, 산업공단이 침수되고, 2미터 상승하면 해운대 마린시티 일부와 센텀시티 신세계백화점, 용호동, 명지주거단지가 물에 잠길 것으로 분석했다. 뉴욕타임즈는 미국 마이애미, 뉴올리언스, 영국 런던, 중국 상하이, 홍콩, 호주 시드니 등의 해안도시들이 장기적으로 뉴욕처럼 위험할 수 있다고 했고, 가디언도 뉴욕, 인도 뭄바이, 중국 광저우 등이 해수면 상승으로 영향을 받을 것이라고 내다봤다.

과학자들은 지구 평균기온이 2℃ 이상 상승할 경우 시베리아 영구동토층, 남극 및 그린란드 빙하의 해빙이 가속화되고, 이에 따라 더 이상 기후변화를 예측하고 제어하는 것이 불가능해질 것이라고 하였다. 또한 10억~20억 명이 물 부족, 생물종 중 20~30% 멸종, 1,000~3,000만 명의 기근 위협, 3,000여만 명의 홍수위험 노출, 여름철 폭염으로 인한 수십만 명의 심장마비 사망, 그린란드 빙하, 안데스 산맥 만년설 소멸 등이 발생할 것으로 예측했다. UN이 2018년에 발간한 〈1.5도 특별 보고서〉는 지구온난화로 인한 피해를 방지하기 위해 기온 상승을 1.5℃로 제한해야 하며, 2030년까지 온실가스 배출량을 2010년 대비 45% 줄여야 한다고 권고했다.

지구대기의 1%를 구성하는 이산화탄소 등의 온실가스는 지구에 들어오는 짧은 파장의 태양에너지를 통과시키는 반면, 지구로부터 나가려는 긴 파장의 적외복사에너지를 흡수하여 지구를 덮히는 담요 역할을 한다. 온도의 상승원인은 대기 중 온실가스의 상승을 유발시킨 화석연료 사용 때문이다. 온실가스는 대기로부터 열이 빠져나가는 속도를 지체시킴으로써 지구대기의 온도를 상승시킨다. 주요 온실가스는 이산화탄소(CO_2), 메탄(CH_4), 아산화질소(N_2O), 과불화탄소(PFCs), 수소불화탄소(HFCs), 육불화황(SF_6) 등이다.

지구온난화 결과 산림분포지역이 광범위하게 소멸되어 식생대가 중위도기준 북극쪽으로 100~550km 북상하고, 우리나라는 온대성 식생 외에 아열대성 식생이 증가하는 등 생태계의 혼란이 예상된다. 지금도 남쪽에만 자라는 배롱나무나 이팝나무가 서울에서 잘 자라고 꽃도 예쁘게 피는 것을 보면 좋기도 하지만, 한편으로는 기온 상승을 피부로 느낀다.

지난 20년 동안 주요 과실의 재배한계선이 북쪽으로 크게 이동하였는데, 보성의 녹차가 강원 고성에서도 재배가 가능한 것을 보면 기후변화의 심각성을 알 수 있다(그림 22-1).

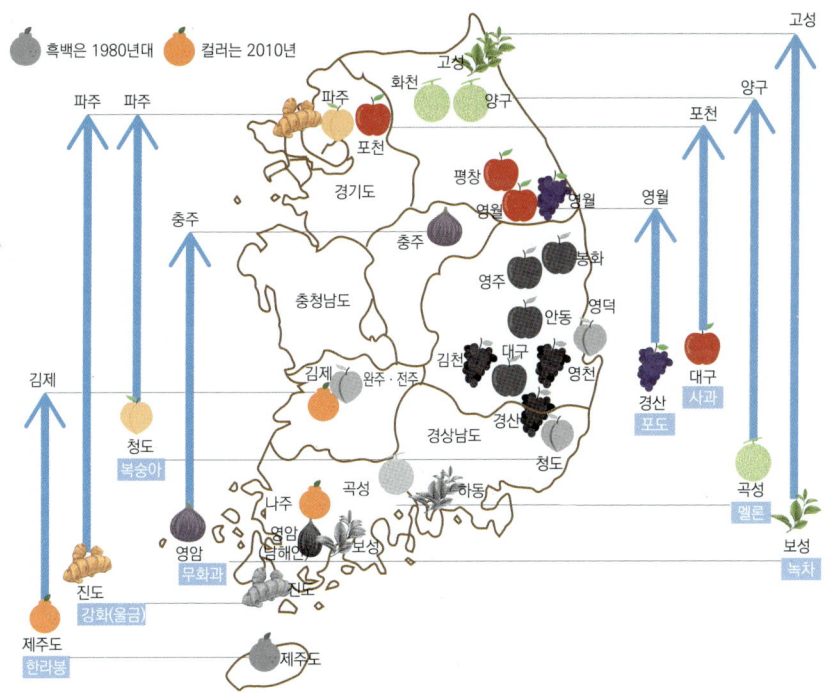

그림 22-1 주요 과실의 재배상한선 이동(자료 : 국립원예특작과학원)

만약 연평균 기온이 2℃ 상승하면 남부 해안지역에 분포하는 동백나무가 서울을 포함한 중부 내륙지역까지 생육이 가능하여 난대 산림이 중부지방까지 확대되고, 4℃가 상승하면 남한 대부분이 난대림으로, 남부 해안지역은 아열대림으로 전환될 것으로 예측하고 있다(국립산림과학원, 2012). 또한 대부분의 지역에서 물 공급 감소가 예상되고, 이산화탄소 농도 2배 증가 시 2050년까지 산악지역의 빙하가 25% 이상 감소할 것으로 예상된다.

인간의 건강에도 영향을 미쳐 더위로 인한 스트레스와 질병이 2배 정도 증가하고, 전염성 질병의 분포변화로 전염병 이동이 증가하며, 말라리아와 같은 열대성 질병이 고위도로 확산되어 우리나라도 열대성 질병이 발생할 것이다.

결국 기후변화는 폭염 스트레스, 홍수, 산사태, 대기오염, 가뭄과 물 부족, 해수면 상승, 폭풍 해일, 질병 확산, 식량생산량 감소, 산림 생태계교란 등 21세기 인류 생존을 위협하는 가장 심각한 문제이다.

3. 기후변화시대의 숲의 역할

지구온난화를 완화하는 방안은 에너지 절약 등을 통해 온실가스 배출을 감축하는 것이지만, 다른 한편으로는 주된 온실가스인 이산화탄소(CO_2)를 흡수·저장하는 숲을 이용하는 것이다. 나무는 탄소동화작용을 하면서 생장할 때 대기 중의 이산화탄소를 흡수, 고정시켜 자기 몸에 저장하는 온실가스 흡수원(sink) 역할을 한다. 반면 숲을 파괴하여 이를 태우거나, 방치하여 썩게 되면 저장되어 있던 탄소를 이산화탄소로 대기 중에 내보냄으로써 온실가스 배출원(source)이 된다.

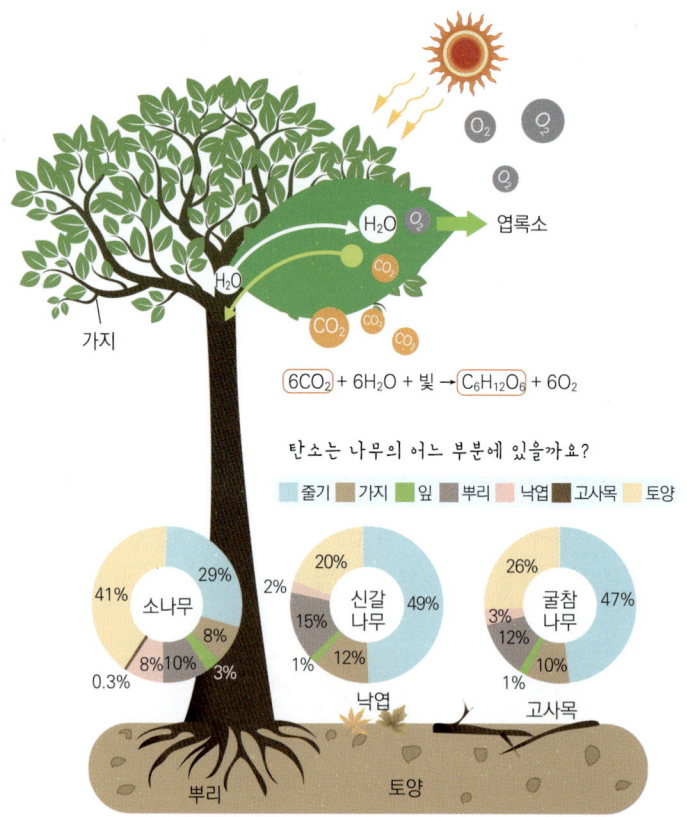

그림 22-2 나무의 탄소동화작용을 통해 이산화탄소 흡수(자료 : 산림청 홈페이지)

이것은 지구가 탄생한 이래 나무가 대기 온도에 어떠한 영향을 미쳤는가와 직접 연결된다. 지구가 탄생할 무렵에는 생물은 없었고 공기 중 이산화탄소가 97%를 차지하고 있어 열이 빠져나가지 못해 대기 온도가 굉장히 높았다. 그 후 식물이 발생하고 울창한 숲이 나타나면서 대기 중의 이산화탄소를 흡수해 줄기, 가지, 뿌리, 잎 등 자신의 몸에 혹은 죽어서 땅속에 묻히면서 석유, 석탄 등 화석연료 형태의 탄소로 저장하였다. 이로 인해 대기 중 이산화탄소 농도가 산업혁명 이전까지는 0.028%(280ppm)까지 낮아진 상태로 유지됨으로써 모든 생물이 살기에 적합한 안정된 기후 시스템을 지속할 수 있었다.

그 후 인간이 산업혁명 이후 대량생산을 위한 에너지를 얻고자 땅속의 화석연료를 꺼내 태우고, 토지를 얻고자 산림을 파괴하기 시작하였다. 이로 인해 여기에 갇혀 있던 탄소가 다시 대기 중에 이산화탄소의 형태로 배출되면서 현재 이산화탄소 농도가 400ppm을 넘어섰고, 이로 인해 지구가 더워지게 된 것이다. 지구 역사상 숲은 직간접적으로 온실가스 흡수원 혹은 배출원 역할을 하면서 지구온난화 등 대기 온도 변화에 결정적인 역할을 하였다.

1992년 브라질 리우에서 개최된 환경정상회담에서는 지구온난화가 인류 생존에 위협을 줄 수 있다는 공통적인 인식 아래 이를 국제적인 차원에서 대응하기 위해 기후변화협약을 채택하였다. 이 협약의 구체적인 목표는 화석연료의 대량 사용, 산림파괴 등 온실가스 배출을 가져오는 인류 활동에 의해 발생하는 위험하고 인위적인 결과가 기후 시스템에 영향을 미치지 않도록 대기 중 온실가스 농도를 안정시키는 것이다. 기후변화협약 제3차 당사국총회(1997)에서는 온실가스 배출에 역사적으로 책임이 있는 선진국에게 강제적으로 온실가스 배출 감축 의무를 부여한 교토의정서를 채택하고, 탄소 배출권 거래와 개발도상국에서의 공동 감축활동(CDM)을 허용하였다. 숲이 대기 중의 주된 온실가스인 이산화탄소를 흡수, 저장하는 것의 일정 부분을 감축 의무 이행에 이용할 수 있도록 규정한 것이다.

교토의정서에서 인정하는 산림활동에는 다른 용도로 사용되던 토지에 나무를 새로 심는 신규 조림의 증대, 산림을 다른 용도로 전환하는 산림 전용의 억제, 기존의 숲을 잘 가꾸고 이용하는 산림경영 등이 있으며, 개발도상국에서의 공동 감축활동에는 신규 조림만을 인정하고 있다. 교토의정서 제2차 공약기간(Post-2012) 협상에서는 전

세계 탄소 배출량의 약 20%를 차지하는 개발도상국에서 산림 전용을 감소시키는 활동(REDD)에 대해 재정적 인센티브를 주는 것을 결정하였다. 나무 제품을 더 많이 더 오래 사용하여 저장되어 있는 탄소량을 늘리면 지구온난화 방지에 기여할 수 있다는 관점에서 이러한 활동도 인정하였다.

국립산림과학원(2012)은 주요 산림수종의 표준 탄소흡수량을 발표하였는데, 30년생 기준으로 산림 1헥타르는 연평균 약 10.4톤의 이산화탄소를 흡수한다고 하였으며, 수종별로는 소나무가 10.8톤, 참나무가 12.1톤, 잣나무가 10.6톤이라고 하였다.

소나무 30년생 숲 1ha가 매년 흡수하는 10.8톤의 이산화탄소는 승용차(중형, 에너지 효율 2등급 기준) 4.5대가 1년간 배출하는 양과 같으며, 이를 축구장 크기의 30년생 소나무숲으로 환산하면 승용차 3대가 배출하는 온실가스를 흡수하는 셈이다. 또한 승용차 1대(연간 15,000km 주행 기준)가 배출한 온실가스를 상쇄하려면 소나무 17그루를 매년 심어야 하는 것으로 계산하였다.

그러므로 온실가스를 줄이려면 나무를 심어야 한다. 더 이상 산에 심을 곳이 없다면

그림 22-3 건조한 미얀마 Bagan에서의 신규조림

학교나 마을 그리고 도로변 등 생활공간 주변에 나무를 심는 도시녹화 운동을 확산함으로써 직접적으로 대기 중의 온실가스를 흡수하고, 간접적으로 여름철에 그늘을 만들어 지표에서 복사열을 줄이고, 증산작용을 통해 주위 열을 빼앗아 냉방에 드는 에너지를 줄여 온실가스 배출을 감소시켜야 한다. 또한 농사를 짓지 않는 한계 농지에 새로 숲을 조성해야 한다. 산림청이 사유림을 매수하여 국유림 비율을 확대하고 있으나, 한계농지를 구입하여 숲으로 만드는 것은 법적으로 불가능하다고 하지만 법을 바꾸어 이 사업을 실시해야 한다.

두 번째는 숲을 가꾸는 것이다. 빽빽하여 활력이 떨어진 숲을 솎아베기 등을 통해 가꾸면 생장이 왕성해져 온실가스를 더 많이 흡수할 뿐만 아니라, 숲도 건전해져서 나중에 훌륭한 목재자원이 될 것이다. 또한 숲 가꾸기 과정에서 나온 목재를 펠릿 등으로 만들어 바이오에너지로 사용하면 그만큼 화석연료에너지를 대체함으로써 온실가스 배출을 줄일 수 있다.

세 번째는 숲을 철저히 보호하는 것이다. 산불이 나면 나무들이 연소되어 대량의 온실가스가 일시에 대기로 방출된다. 또한 병충해는 생장을 저하시켜 온실가스 흡수를 저해할 뿐만 아니라, 이로 인해 나무가 죽어 썩게 되면 저장되어 있던 탄소가 대기 중

그림 22-4 잘 보전된 내설악 장수대 인근의 울창한 숲

으로 방출된다. 따라서 산림보호는 온실가스흡수 기능을 유지시켜 줄 뿐만 아니라 이산화탄소 방출을 막는 이중효과가 있다.

끝으로 숲에서 나온 목재를 최대한 이용하는 것이다. 나무제품은 탄소를 저장하고 있을 뿐만 아니라, 원자재 채취 및 가공과정에서 철강이나 알루미늄 등 대체재에 비해 훨씬 적은 에너지를 소모하며, 온실가스 배출량은 1/200~1/1,000에 불과하다. 그래서 나무제품을 많이 사용할수록 온실가스 배출을 줄일 수 있다. 산림청은 「탄소 흡수원 유지 및 증진에 관한 법률」을 제정하여 기업이나 개인, 지방자치단체 등이 사회공헌 측면에서 탄소흡수원 활동을 통해 얻은 산림 탄소흡수량을 자신이 배출한 온실가스를 상쇄하는 탄소중립 활동에 사용하거나, 자발적 탄소시장에서 사고 팔 수 있도록 산림 탄소상쇄제도를 도입하였다. 이 법률에서 인정하는 탄소흡수원 활동에는 신규조림, 산림경영, 식생복구, 목제품 이용, 산림 바이오매스에너지 이용, 산지전용 억제 등이 있으며, 정부는 이러한 활동으로 확보한 산림 탄소흡수량을 인증해 주고 있다.

그림 22-5 기후변화로 짧아진 경주 남산의 가을 숲

그림 22-6 기후변화에 민감한 자작나무숲

그림 22-7 지구온난화로 남쪽 수종인 이팝나무의 전국적인 개화(성남)

The value of forest

제23장 숲관광의 활성화

1. 숲관광의 뜻

　미래관광의 핵심은 휴양이며 휴양의 중심에 서 있는 숲을 매개로 한 관광이 부각되고 있다. 관광은 여정, 볼거리, 먹거리, 놀거리, 숙소, 쇼핑 등이 복합적으로 작용하는 산업이지만 관광객 취향에 따라 어느 부분에 중점을 두느냐에 체류기간이 달라질 수 있다. 체류기간이 길어지면 지역 경기가 활성화되고 주민의 삶이 경제적으로 나아지기 때문에 관광산업은 지역발전에 큰 영향을 준다.

　인기있는 관광지는 풍광이 아름답고, 휴양하기 편하고, 숙박시설이 잘 되어 있고, 문화유산과 즐길 거리가 많은 곳이다. 여름 휴가철이면 바다 아니면 산으로 여행을 떠난다. 바다는 오래 머물 수 없고 단지 트인 공간과 놀이시설이 있어서 마음을 열어주지만, 반대로 숲이 울창한 산은 풍광, 문화, 숙박시설, 먹거리, 편안함, 휴양 등이 혼재한다. 일반 관광이 오감만족에 치우쳐 있다면 정신 건강이 중요한 시대에서는 육감만족에 도움을 주는 숲관광이 확대되어야 할 것이다.

　숲관광은 교통의 발달과 자가용의 보급 확대로 얼마든지 가능하지만 잘못하면 주마간산식의 겉만 보는 형태가 될 우려가 크기 때문에, 숲에 오래 머물며 숲과 깊은 교감을 나누면 정신과 육체건강에 많은 도움이 될 것이다. 숲관광은 숲을 활용한 관광이므로 숲에 관한 지식을 전달하고, 동시에 숲에서 만족감을 얻으며, 오감을 열어 자연을 만끽하면서 숲이 주는 감격이나 감동을 얻는 관광이다. 관광의 목적이야 어찌하던 간에 숲관광은 숲에 대한 지식과 관련된 문화를 알아야 백배의 묘미가 있다. 숲에 얽힌 문화적 배경에다 숲의 다양성이나 혜택 등을 연계하면서 온갖 사물을 관찰하며 즐거움을 함께 하는 것이다. 문명세계로의 귀환을 미루고 잠시나마 인간의 외로움을 자연에서 위로받고 문화적인 동질성으로 백배의 만족을 얻으려는 것이다.

숲관광은 국립공원이나 도립공원 등 깊은 산에 있는 독특한 나무나 자연의 집단만을 즐기는 것, 계곡을 따라 물과 함께 울창한 숲을 즐기는 것, 심산유곡이나 문명과 접한 절 주변의 숲을 즐기는 것, 고궁이나 왕릉 주변의 숲을 즐기는 것, 마을 주변의 숲을 즐기는 것 등 매우 다양하다. 즉, 숲은 그 자체만을 즐길 수 있고 다른 자연물이나 문화와 연계할 수 있으며, 마을 주변에 있는 작은 숲을 탐방할 수 있는데 규모나 지역, 문화, 환경이 모두 다르기 때문에 획일적이지 않다. 쉽게 접근할 수 있는 마을숲은 숲의 규모가 작은 아쉬움이 있지만 독특한 마을 문화를 접할 수 있어 좋다. 숲관광의 묘미를 더하려면 그 지방의 깨끗한 숙박시설이나 맛있는 식당 그리고 특산물이 연계되어야 한다.

숲관광을 하기 위해서는 숲의 위치나 규모 그리고 다른 요인과의 연계성에 대해 충분한 지식을 가지고 있어야 훨씬 재미있고 유익하다. 나무와 숲은 공중에 있는 것이 아니라 땅에 있다. 즉, 어떠한 지리 · 문화 · 환경과 연계되어 있는지 그 환경이나 배경을 잘 알아야 한다는 뜻이다.

2. 숲관광의 최적 장소

가. 산

훌륭한 경관을 가진 산은 숲이 풍부한 국립공원이나 도립공원으로 지정되어 있어 잘 보호받고 있지만, 밀려드는 등산객으로 인해 산은 몸살을 앓는다. 접근성 확장과 입장료 폐지로 숲은 더욱 훼손되고 있다. 해발 1000미터가 넘는 산은 정상을 다녀오려면 많은 시간이 소요되므로 숲을 관찰할 시간이 부족하다. 정상에서 바라보는 경관도 물론 좋으나 산기슭과 산허리에 풍성한 숲속에 탐방로를 개설한 소위 둘레길이 많으므로 이를 적극적으로 활용해야 할 것이다. 산마다 숲의 형태나 수종이 다르고 계절은 숲의 변화를 극적으로 연출하므로 계절마다 같은 곳을 찾아도 좋다. 예를 들면, 겨울은 태백산과 덕유산의 주목숲, 대둔산의 동백숲이 좋고, 봄에는 내장산의 단풍나무숲, 북한산 진달래숲, 여름에는 가리왕산의 활엽수림, 오대산 전나무숲, 대관령의 소나무숲, 가을에는 어느 산에 가도 단풍이 아름답다. 계절에 따라 숲의 풍광이 달라지므로 시기를 잘 맞추어야 한다.

그림 23-1 덕유산 향적봉의 겨울 주목숲

나. 계곡

우리나라는 지형이 복잡하고 크고 작은 산이 많으며, 산(엄밀히 말하면 숲과 토양)에 저장된 물이 지속적으로 계곡을 채워 선조들은 계곡 주변에 정자를 지어놓고 물을 바라보며 음풍농월을 즐기며 살았다. 특별히 경치가 아름다운 계곡은 구곡이라는 이름을 붙여 숲의 아름다움을 노래했다. 만약 계곡 주변에 숲이 없고 물이 없다면 시인 묵객이 자연을 칭송하는 시를 쓸 수 없고, 여름에는 휴양에 좋은 장소는 아닐 것이다.

바위 사이를 흐르며 내는 청아한 물소리는 온갖 시름과 걱정을 잊는 청량제의 역할을 하는데, 원천적으로 숲이 없으면 물의 지속성도 없을 뿐만 아니라 경관성은 크게 낮아진다. 대표적인 계곡의 문화와 숲이 살아있는 곳은 거창 수승대, 동해 무릉계곡, 월악산 송계계곡, 괴산 화양구곡, 합천 해인사 홍류동계곡, 유성 계룡산 갑사계곡 등이며, 계곡을 따라 살아있는 문화를 즐기는 숲관광은 최고의 선이다.

그림 23-2 거창 수승대계곡

다. 왕릉·고궁

조선왕릉은 수백년동안 주변의 숲과 함께 엄격히 통제되어서 왕릉 주변에는 숲이 가득하다. 대부분 100여년된 소나무숲이지만 참나무숲도 있고, 입구에서 능까지 가는 길은 곡선으로 배치하고 숲이 잘 보전되어 있다. 또한 능 옆에도 대부분 노송들이 공간을 점유하고 있으면서 아무것도 없는 능과 대조를 이룬다. 왕릉은 도심이나 도시 주변에 있으면서 접근성이 아주 좋으며 숲이 울창하여 그늘을 주고 여럿이 함께 걸을 정도로 넓으므로 능의 역사와 함께 한적한 숲을 보는 것은 상당한 즐거움을 선사한다 (이천용, 2009).

여주 효종대왕릉은 입구의 재실 안에 있는 향나무와 회양목은 상식적으로 재실 밖에 있어야 하나 좁은 재실에 있다는 사실이 매우 특이하다. 화성 융건릉의 참나무숲도 왕릉에서는 쉽게 볼 수 있는 숲이 아니다. 왕릉이 갖는 역사성도 중요하지만 주변을 둘러싸고 있는 숲에 관심을 기울이면 재미를 더한다(이천용, 2010).

고궁 역시 숲으로 가득 차 있는데, 도심의 경복궁은 천연기념물인 수백년된 희귀한

그림 23-3 여주 효종대왕릉 재실과 수백년된 나무들

나무와 아름다운 정원수가 많아 나무나 숲의 역사와 배경은 다른 볼거리를 제공한다. 먼저 해설사의 설명을 듣고 문화적인 내용을 들은 다음 따로 나무들을 살펴보는 것도 유익하다.

라. 사찰

 종교적인 목적으로 사찰의 보전과 경관 목적으로 조성된 숲이 사찰림이다. 역사가 오래된 고찰 주변의 숲은 절과 함께 수백년간 잘 보전되어 있다. 영월 법흥사 소나무숲, 오대산 월정사 전나무숲, 공주 마곡사 소나무숲, 문경 김룡사 활엽수숲, 청도 운문사 소나무숲, 합천 해인사 느티나무숲, 밀양 표충사 참나무숲, 고창 선운사 동백나무숲과 문수사 단풍나무숲, 정읍 내장사 단풍나무숲, 장성 백양사 비자나무숲, 고흥 금탑사 비자나무숲, 강진 백련사 동백나무숲, 양산 통도사 소나무숲이 대표적이다. 사찰림은 사찰 입구에 200미터에서 1킬로미터까지 길게 늘어섰거나, 사찰 뒤에 조성되어 그 모습을 돋보이게 하거나 기후재해로부터 보호하며 승려들에게 양식을 제공하는 등

그림 23-4 의성 고운사 입구의 소나무숲길

다목적인 숲인데, 가히 사찰만큼 명품 반열에 오를 만하다(이천용, 2007).

경남 의성의 고운사는 최치원 선생으로 유명한 절인데, 입구부터 절까지 소나무숲이 있으며 별도로 우측의 솔숲을 즐기도록 산책로를 만들었다. 기왕이면 요소요소에 안내판을 만들고 쉬어갈 수 있도록 배려하면 종교문화적인 즐거움뿐만 아니라 자연경관도 함께 즐길 수 있어 다시 한 번 가고 싶은 마음이 들 것이다(이천용, 2014).

마. 마을

마을 주변에 있는 숲을 마을숲이라 통칭한다면 이 숲은 조상대대로 우리의 삶과 함께한 자연이다. 마을이 있으면 아늑한 환경을 만들기 위해 숲을 조성하였고, 숲은 아름다움을 선사하여 위대한 화가, 문인, 선비들이 태동한 전통적인 장소였다. 영양 주실마을 주곡숲, 이천 백사마을 산수유숲, 예천 금당실 솔숲, 안동 하회마을 만송정숲, 의성사촌 가로숲, 봉화 띠띠미숲, 영천 오리장림, 부안 감교마을숲, 순창 고례마을숲,

그림 23-5 조지훈의 고향 영양 주실마을

그림 23-6 포항 덕동마을 소나무숲

제23장 숲관광의 활성화

거창 동호마을숲 등은 우리나라 문학과 예술, 학문과 지성을 이어가는 위대한 인물의 혼과 삶이 깃든 곳이었다. 또한 설화나 할아버지가 들려주는 옛날이야기의 근원이 된 숲으로는 함평 향교숲, 서천 마량 동백숲, 포항 덕동마을 소나무숲, 보성 용추마을 서어나무숲 등이 있으며, 마을숲마다 전설이나 풍부한 이야기거리가 있다(김학범, 1994).

마을숲은 수종이 무척 다양하나 대체로 그 지방에서 가장 오래 사는 나무, 즉 느티나무, 소나무, 참나무숲이 대부분이고, 남부지방에는 고유의 팽나무, 동백나무 등과 같은 난대림도 있다. 그러나 마을이 확장되고 현대화되면서 점차 그 모습을 잃고 있어 개발 확산을 방지하고 보전하는 대책이 시급하다.

3. 숲관광 확산 방안

가. 전문적인 지식

숲을 매개로 하는 관광은 안내인이 얼마나 많은 전문지식을 갖고 있는가가 매우 중요하다. 숲과 관련된 나무, 풀, 야생동물, 곤충과 같이 살아있는 생태계뿐만 아니라

그림 23-7 서울 홍릉숲 탐방

물, 토양, 대기 등 무생물의 세계에 대한 지식을 기본적으로 갖추어야 한다. 나무에 대한 수목학적 지식과 관련된 옛이야기로만 관광객에게 설명하는 단계를 넘어 숲해설가로서 배운 지식 위에 더욱 전문적인 지식을 갖고 설명을 하면 숲탐방객으로 하여금 충분한 이해를 돕고, 머리에 각인되어 다음에 또 오고 싶은 생각이 들 것이다. 그가 인근의 다른 숲에 대한 지식을 소유한다면 그곳도 추천하면서 지역에 더 오래 머물 수 있도록 유도할 수 있다.

우리나라에 산재한 아름다운 숲은 줄잡아 300여 곳이 넘는다. 규모에 따라 머무르는 시간이 다르겠지만 대략적인 위치와 특성을 알려준다면 당연히 머무름도 오래할 것이다. 전문가라면 하루종일 소나무숲만 소개하지 않고, 소나무숲과 전혀 다른 편백숲, 동백숲, 비자나무숲, 잣나무숲 등 바꾸어 가면서 재미있게 소개한다면 지루하지 않고 만족감이 높아질 것이다. 노령화 사회에서 걸을 수 있는 노인들에게 무조건 숲을 오래 걷게 하는 것은 힘들다. 가끔 간식도 나누어 먹으며 둘러앉아 자연의 소리도 듣고 담소하면서 정을 나누기에는 숲만큼 좋은 곳이 없다.

나. 다른 즐길거리와의 연계

숲관광은 숲에서 대부분의 시간을 보내기 때문에 힘들고 쉽게 지루해지는 단점을 보완하기 위해 주변에 숙소를 정하고, 가까운 숲을 찾아 다양한 형태의 탐방을 해야 좋다. 인간의 본능을 자극하는 맛있는 음식점이 주변에 있으면 더욱 좋고, 특산 음식이나 과일이 나면 그때를 따라 다녀도 좋다.

경북 영천의 오리장림을 보러갔다가 나오는 길에 만난 포도는 갓 따왔는지 싱싱하고 값도 저렴하여 가진 돈을 다 털어서 몇 상자를 사가지고 친지들과 나누어 먹었는데, 그 맛이 얼마나 좋았는지 아직도 기억에 생생하다. 그런 행운은 자주 있지 않지만 특산 먹거리는 관광의 핵심요소 중의 하나이기 때문에 기억에서 잘 지워지지 않는다. 초행인 곳을 가면 맛있는 음식점을 몰라 이리저리 찾아다니는데, 지역 우체국이나 은행, 산림조합 등을 방문하여 물어보면 대개 맛집을 알려준다. 인터넷에 나온 맛집을 믿다가 낭패를 보는 경우가 종종 있는데, 지역민이 자주 가는 곳이 진짜 맛집이다.

연령이나 계층에 따라 레일바이크를 타거나 시원한 케이블카를 타기도 하면서 숲관광의 변화를 주는 것은 지속적인 관광을 위해 중요하다. 오전에는 숲의 기운을 느끼

그림 23-8 천연기념물 영천 오리장림

그림 23-9 설악산 권금성 가는 케이블카

그림 23-10 안동 하회마을 전경

고 맛집에서 점심을 먹은 후 오후에 숲이 아닌 연계된 관광을 한다면 얼마든지 오래 머무를 수 있다.

다. 역사문화적 요소

　수천 년의 역사문화를 가진 우리나라는 어느 곳에 가던지 역사문화적 요소가 많다. 박물관이나 미술관을 둘러보고, 시인 묵객이 풍류를 즐겼던 정자를 찾아 그들과 함께 풍류를 나누기도 하며, 밤에는 전통음악을 들어보기도 하는 등 역사문화적 요소를 반드시 찾아서 숲관광과 혼합하면 즐거움이나 휴양이 배가된다.

　경북 안동 하회마을은 역사문화적인 요소가 많은 대표적인 장소이다. 낙동강이 굽이치는 강변에 바람과 홍수를 방지하기 위해 심은 100여년된 소나무숲이 있고 집안팎에도 수백년된 소나무와 느티나무 등이 있으며, 건너편 부용대에는 류성룡 선생의 형제가 멀지않은 숲길을 거닐며 우정을 나누던 서원과 집들이 있다. 안동에는 숲과 서원이 많아 적어도 3일은 머물러야 다 볼 수 있다. 안타깝게도 만족스러운 숙박시설이 적

그림 23-11 경주 황성공원의 소나무와 참나무숲

지만 휴양림을 이용하면서 문화유산과 숲을 함께 관광하기에는 더없이 좋은 곳이다.

경주도 흔히 알려진 문화재만 있는 것이 아니라 왕릉 주변의 아름다운 숲과 계림, 반월성의 숲, 남산 아래 삼릉 소나무숲, 남산을 넘어오면서 보이는 불상과 소나무들, 황성공원의 소나무와 참나무숲, 함월산 기린사 주변 숲 등은 문화재와 함께 귀중한 관광자원이다(이천용, 2008). 아쉽게도 지방에는 숲해설가가 수도권만큼 많지 않아 전문적인 숲해설을 기대할 수 없지만, 문화해설사와 가이드가 그 역할을 충분히 대행한다면 경주 또한 3일 이상 머물러야 할 곳으로 바뀐다. 경주의 훌륭한 숙박시설은 언제 가보아도 만족스럽지만 저렴하고 특기할만한 전통음식 개발이 필요하다.

문화적 요소에서 중요한 것은 역사적으로 유명한 인물이다. 가사문학의 대가인 고산 윤선도가 살고 머물렀던 자취를 따라 숲을 함께 보는 것은 상당히 재미있다. 널리 알려진 해남 녹우당뿐만 아니라 보길도는 문화와 섬이 가진 독특한 숲의 경관으로 멋진 곳이다. 전남의 가장 끝인 이곳에서 천천히 문화와 인물, 풍광과 숲을 바라보고 즐기면 그만한 휴양이 없다(이천용, 2018).

남종문인화의 대가인 소치 허유(허형)가 살았던 진도를 탐방하는 것도 기억에 남는다. 소치는 그림에 천부적인 재주가 있었으며, 28세부터 두륜산방(해남 대흥사)의 초의선사 밑에서 윤두서의 화첩을 보며 그림을 익혔고, 33살부터는 김정희 밑에서 본격적인 서화수업을 하였다. 시(詩), 서(書), 화(畵)에 능하여 삼절(三絶)이라 하였는데, 추사가 세상을 떠나자 소치는 고향으로 돌아와 자연경관이 아름다운 진도 첨찰산 아래 운림산방에 자리를 잡고 여생을 보냈다. 이곳에는 소치기념관이 있는데, 명작 산수화 복사본을 팔면 어떨까 생각해본다. 과거 유럽여행 때 박물관이나 미술관에서 비싸지 않은 그림들을 산 기억이 나기 때문이다.

우리나라 고유음악인 판소리는 단연 전라도가 으뜸이다. 판소리의 대가인 신재효선생의 생가와 기념관이 있는 고창은 소나무숲이 가득한 고창읍성이 중심이다. 최근 성문 앞을 말끔히 정비하고 성둘레에도 꽃을 심어 봄에 가면 완전히 꽃세상이다. 읍성 안에는 크지 않은 수천그루의 소나무들이 여러 가지 모습으로 서 있고, 수백년된 느티나무 고목이 옛 건물과 함께 하는 정취는 정말 대단하다. 고창읍성을 방문한 관광객에

그림 23-12 소치가 살았던 진도 첨찰산 아래 운림산방

그림 23-13 고창읍성

그림 23-14 고창읍성 앞 판소리기념관

게 소나무숲을 안내하고, 옛 건물 주변의 수백년 느티나무의 유래를 설명한 다음 성밖에서 판소리를 들을 수 있으면 아무도 시도하지 않은 숲과 음악을 매개로 한 관광이 될 수 있다.

읍성 정문 앞에 고창문화회관이나 판소리기념관에서 젊은 음악가들과 대가들이 매일 판소리를 짧게 신명나게 공연하여 젊은이에게는 공연의 기회를 주고, 방문객들에게는 우리 고유의 문화를 만끽하게 한다면 고창군이 판소리의 본고장임을 각인시키고 전통문화와 숲을 함께 즐길 수 있을 것이다. 멀지 않은 곳에 상당히 넓은 고인돌 기념관이 있는데, 홍보도 덜 되어 찾는 이가 적지만 향토수종을 심어 그늘과 쉼터를 제공하고, 고인돌의 역사를 관찰한다면 색다른 문화관광이 될 것이다(이천용, 2018).

4. 숲관광의 미래

숲관광은 시각적이고 정신적인 효과가 큰 자연관광이다. 보고 놀고, 먹는 것에 치중한 관광보다는 정신건강을 되찾으며 여유를 즐기는 숲관광은 선진국 사람에게는 취향에 딱 맞는다. 미래의 관광 형태는 아이들의 인성을 길러주고, 어른들에게는 편안한 휴식을, 노인들에게는 생명력을 불어넣는 자연과의 교감을 촉진하면서 지루하지 않게 문화적인 요소나 흥미진진한 즐길거리를 병행하는 것으로 바꾸어야 한다. 아무리 좋은 숲도 오랜 시간 머물면 지치기도 하고 지루하기도 한데, 만약 전문가다운 자세한 설명마저 없다면 숲의 매력을 느낄 수 없다. 따라서 숲관광의 확산을 위해서는 울창하고 멋진 숲뿐만 아니라 편안한 숙소, 맛있는 음식, 계절에 따른 꽃의 향연 등을 잘 안배해야 될 것이다. 또한 여행사는 다양한 숲관광 프로그램을 개발하고, 전문적인 지식을 가진 가이드를 배치하며, 문화적 요소를 적절히 배치한다면 재미있는 숲관광이 될 것이다. 이를 위하여 여행사들에게 숲관광의 장점을 소개하는 세미나 개최, 지자체장의 관심과 담당공무원의 인식변화, 치밀한 지역관광계획 등이 요청된다.

숲관광은 숲에 대한 관심과 흥미를 유발하여 오래 머무르게 하도록 끊임없이 소프트웨어를 개발해야 한다. 물질관광의 저급함보다는 금수강산을 자랑하는 우리나라의 숲을 매개로 한 관광이 숲의 훼손 없이 지속되어야 할 것이다(이천용, 2017).

The value of forest

제24장 산지습지 보전

1. 습지의 정의

　습지보전법 제2조에 '습지란 담수, 기수(汽水, 민물과 바닷물이 섞인 것) 또는 염수가 영구적 또는 일시적으로 그 표면을 덮고 있는 지역으로 내륙습지와 연안습지를 말한다'고 정의하였으며, 세계적으로 널리 통용되는 람사르협약에서는 '자연 또는 인공이든, 영구적 또는 일시적이든, 정수 또는 유수이든, 담수, 기수 혹은 염수이든, 간조시 수심 6미터를 넘지 않는 곳을 포함하는 늪, 습원, 이탄지'로 규정하고 있다.

　결국 습지는 물의 흐름이 정체되어 오랫동안 고이는 과정을 통해 생성되며, 물이 지표면을 덮고 있는 지역을 말한다. 습지는 식물유체가 완전히 분해되지 않은 상태에서 계속 퇴적해 생긴 토탄(土炭)층 또는 이탄(泥炭)층 위에 발달하며, 한랭하고 강수량이 많은 고위도지방이나 고원 등에 널리 분포한다. 내륙습지는 늪, 호소(湖沼), 하구(河口)에 형성된 곳이고, 연안습지 갯벌, 바위해안, 모래해안에 형성된 습지를 말한다. 한국의 서·남해안 갯벌은 북해 연안, 캐나다 동부 해안, 미국 동부 조지아 해안, 남아메리카의 아마존 하구와 함께 세계 5대 연안 습지로 꼽힌다(국립환경연구원, 2001).

　물새 서식 습지대를 국제적으로 보호하기 위하여 1971년 이란의 람사르(ramsar)에서 채택한 람사르협약은 2018년 현재 170개국이 가입하였는데, 협약 목적을 보면 습지는 경제적, 문화적, 과학적 및 여가적으로 큰 가치를 가진 자원이며, 이의 손실은 회복될 수 없다는 인식하에 습지의 점진적 침식과 손실을 막자는 것이다. 협약의 의무는 국제적으로 중요한 습지 한 곳 이상을 지정하고, 지정한 습지의 생태학적 특성을 유지하고 습지를 현명하게 이용하기 위하여 자연보호구역으로 지정하는 것이다. 우리나라의 람사르 등록 습지는 24개소이며, 면적은 202,672km2이다(환경부 홈페이지, 2022년 현재).

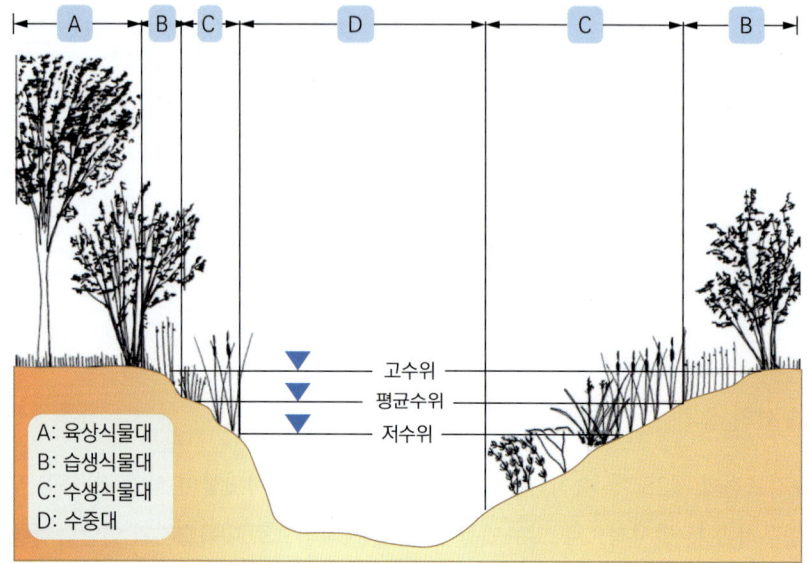

그림 24-1 내륙습지 유형(자료 : 환경부 홈페이지)

2. 산지습지

산지습지란 지적상 산림으로 되어 있는 지역에서 나타나는 모든 습지 또는 산림과 연접한 지역에 소택지(Swamp), 늪원(Marsh) 및 이탄지(Peatland, Bog, Fen) 등 습지 식물이 자생하는 곳을 말하며, 크게 2개 유형으로 구분한다. 즉, 습지식물이 자생하는 소택지와 늪인 소택형 산지습지로서 이 유형은 다시 목본성 습지식생의 피도가 30% 이상 경우인 소택지(Swamp)형, 산지습지와 산지지역 안에서 발달된 초본습지식생이 서식하는 늪원(Marsh)형으로 나눈다. 다른 유형은 계곡형 산지습지로서 산지계곡 주변의 습지 식물이 자생하는 습지로서 물의 범람이나 지형의 급격한 변화로 인해 형성된 습지이며, 유기물 및 모래가 축적되어 형성된 습지를 의미한다(사방협회, 2016).

지목에 따른 산지습지 개념은 습지가 산림 내에 있을 경우 상층 식생과 관계없이 습지에 서식하는 식물이 나타나면 산지습지로 보는 것과, 지목상 산림이 아닌 지역 중산림에 연접하여 있거나 산림과 연접하지 않았더라도 숲을 형성하여 습지를 이루고 있는 모든 지역을 포함한다(산림청, 2007).

국립수목원(2019)은 산지습지를 포함한 넓은 의미의 산림습원이란 용어를 사용하는데, 과거 화전과 경작으로 산림 내 물을 다량 함유한 지형과 물이 공급되는 지점으로서 산림생태계 유지와 생물다양성 증진에 핵심적인 역할을 하는 지역이라고 하였다.

산지에는 고산지역에 발달한 습지, 제주도 화산분화구에 물이 고여 형성된 오름까지 다양한 형태의 습지가 존재한다. 대암산 용늪, 정족산 무제치늪, 제주도 오름 등이 대표적이다. 고산습지는 다른 지역의 토양에서는 쉽게 발견되지 않는 이탄층과 그 위에 발달된 끈끈이주걱, 이삭귀개와 같은 식충식물이 발견되어 희귀식물 및 동물의 서식처로 알려져 있다.

산지습지는 온도가 낮고 바람이 세차게 부는 산지라는 특수한 환경 속에서 지형적, 지질적 영향에 의해 자연적으로 형성된 습지로서, 습지 내 이탄층의 퇴적상과 화분은 고생태학적 가치가 높으며, 희소식물과 희귀동물의 서식공간으로서 매우 중요한 생태

그림 24-2 울산 정족산 무제치늪

그림 24-3 제주 조천읍 선흘곶자왈 먼물깍 습지

그림 24-4 제주 선흘 곶자왈 습지의 수중식물

계이다. 제주 선흘곶자왈 지역은 곶자왈용암과 빌레용암이 혼재하는 독특한 지형과 지질적인 영향에 의해 여러 개의 연못이 분포하고 있다. 그중 하나인 먼물깍 습지에는 부엽식물이 우점하고 있는데, 환경부 멸종위기 2급인 물부추 외에 어리연꽃, 좀어리연꽃이 있고, 침수식물인 붕어마름과 실말이 분포한다. 또한 귀중한 자원인 순채도 있으므로 자원적으로 중요한 가치를 가지고 있다(사방협회, 2016).

　　문현숙(2005)은 산지습지에 큰 영향을 주는 인자가 지형과 기후에서 비롯된 수문이며, 그 결과 습지만이 갖는 독특한 식생과 토양을 형성한다고 하였다.

가. 산지습지 유형

산지습지는 지형, 수원의 종류, 물의 방향에 따라 5개 유형으로 구분한다(산림청, 2008).

① 웅덩이형 습지 : 주변이 산지 등으로 둘러싸여 닫혀진 고지와 강수, 지하수 등을 수원으로 하여 형성된 전형적인 저지대

② 수로형 습지 : 하천수로와 습지 사이에서 흐르는 물 또는 제방을 넘어 흐르는 물을 수원으로 하여 이루어진 하천수로 지대

그림 24-5 과거 논이었던 곳이 웅덩이형 습지로 변한 양평 구둔치옛길

③ 평지형 습지 : 강수량과 지하수 등을 수원으로 하여 평평한 곳에 형성된 지역
④ 경사형 습지 : 지하수와 지표에서 흐르는 물을 수원으로 하여 경사가 있는 지역에 형성된 지역
⑤ 가장자리 습지 : 호수에서 흘러나오는 물과 하구에서 흘러나오는 물을 수원으로 하여 호수와 하구지역에 형성된 지역

그림 24-6 법정보호종 1급인 속새가 우점한 평창 횡계리 수로형 산지습지

그림 24-7 제주 한남시험림 평지형 산지습지

나. 현황

우리나라의 전체 습지는 2,700여 개소(국립습지센터, 2022)로 이 중 국립수목원(2019)이 조사한 산지습지는 총 1,264개소로서 람사르협약 지정습지 면적의 0.15%에 해당한다고 하였다. 조사결과 국가식물유전자원의 33%에 해당하는 1,390분류군의 식물이 생육하고 있으며, 희귀식물 95분류군, 특산식물 60분류군이 분포하고 있다고 하였다.

중요한 산지습지는 평창군 횡계리습지, 강릉 대기리습지, 태백시 백산동습지, 울진군 기성면습지, 단양군 용부원리습지, 보성군 일림산습지, 무의도습지, 울진군 화성리습지, 울주군 운화리습지, 단양군 방곡리습지, 정선군 임계리습지, 김천시 상금리습지, 연기군 달전리습지, 신안군 장도습지 등이 있다.

그림 24-8 신안 장도습지(자료 : 환경부)

1) 신안군 장도습지

장도 면적은 약 300ha로 주민 100여 명이 살고 있으며 산 정상(273m)에 위치한 산지습지(9ha)는 2003년에 처음 알려졌으며, 2005년 람사르 습지로 지정되었다. 장도습지는 정상이 오목하여 지형적 요인에 의해 습지가 발달하였다. 정상 중앙에 위치한 습지는 화강암이며, 주위를 둘러싼 산지는 규암으로 구성되었다. 화강암의 침식이 규암보다 빨라 중앙이 오목한 모양을 형성하고 주위 규암에서 침식된 모래 등이 습지에 싸여 습지를 만들었다. 습지 정상의 경사는 5도 미만으로 완만하여 계곡물이 서서히 흘러 식물의 분해가 느려 현재 70~80cm 깊이의 이탄층이 형성되어 있다. 장도습지는 수자원 함양능력과 수질정화 기능이 뛰어나 지역주민에게 깨끗한 물을 공급하고 있다.

3. 습지의 기능

습지는 다양한 생물들이 살 수 있는 공간이며, 지하수의 보전 및 홍수조절과 식물들이 유량(water flow)의 극심한 변화를 막아 '자연 방파제' 역할을 한다. 그리고 온실가스의 주범인 탄소를 흡수하여 온실가스를 줄이는 역할도 한다. 습지는 물과 함께 독특한 경관을 만들어내고, 문화적 가치와 함께 생명력이 넘치는 역동적인 공간이다. 많은 습지가 종교적, 역사적, 고고학적 또는 문화적 측면에서 지역이나 국가가 갖는 유산이라는 관점에서 중요하다(국립환경연구원, 2001).

가. 생태계 보전

습지는 다양한 생물들이 살 수 있는 공간을 제공한다. 풍부한 플랑크톤이나 유기성분 해물질은 수서곤충이나 어패류에게 먹이를 제공하고 수서곤충이나 어패류는 물새나 양서류, 소형 포유동물의 먹이가 된다.

습지의 얕은 물과 수초지대는 물고기들이 알을 낳고 어린 물고기들이 살기에 좋은 환경을 가지고 있으며, 새들에게도 쉬거나 먹이를 구할 수 있는 장소로서 중요한 역할을 한다. 또한 육상동물에게도 물의 공급과 쉴 수 있는 장소로 활용된다. 그러므로 여러 종류의 생물들이 습지에 모여서 생물다양성이 높다.

나. 수자원보전 기능

습지의 토양은 단위 부피당 보유할 수 있는 물의 양이 많고 자연적으로 형성된 수로가 복잡하며 조직적이어서 우기나 가뭄에 훌륭한 자연 댐의 역할을 한다. 우기나 홍수 때의 과다한 물은 습지토양 속에 저장되었다가 건기에 지속적으로 주위에 공급함으로써 물을 조절한다. 이때 토양은 지표유출수를 효과적으로 흡수하여 토양침식을 방지하기도 한다. 낙동강변의 수많은 하천변 습지는 홍수 시 스펀지와 같이 많은 물을 머금어 천천히 하류로 방출함으로써 수자원 조절 측면에서 매우 중요하다. 물가에 서식하는 수생식물은 습지 바닥 토양의 손실 및 붕괴를 막고 빗물을 습지 내에 저장하여 지하수로 전환시키는 역할을 한다.

다. 기후조절 기능

지표면의 약 6%를 차지하는 습지는 대기 중으로의 탄소 유입을 차단하여 지구온난화의 주체인 이산화탄소의 양을 적절히 조절하며, 특정 지역의 대기온도 및 습도 등을 조절한다.

라. 수질정화 기능

습지식물은 물에 있는 질소, 인 등 양분을 흡수하고 물리화학적인 작용으로 물을 정화하는 '자연의 콩팥' 역할을 한다. 습지에 서식하는 동식물, 미생물과 습지를 구성하는 토양 등은 주변으로부터 흘러나오는 오염물질을 정화하고 깨끗한 물을 흘려보낸다. 습지의 정화능력은 인간을 포함한 모든 생물에게 매우 중요하다. 습지의 수질정화 원리를 이용하여 인공습지를 조성한 수질정화 기법은 효과가 크며 말씀, 달뿌리풀 등은 수질정화능력이 우수한 것으로 알려져 있다.

마. 생태관광 기능

습지관광은 대표적인 생태관광이다. 생태관광은 자연과 교류함으로써 감정이 이입되고 쉼을 얻어 삶에 활력을 준다. 흔치 않은 습지는 숲과 물이라는 독특한 이중구조로서 나무가 위주인 숲과 물에 사는 희귀한 식물을 동시에 감상할 수 있는 소중한 곳이다.

그림 24-9 선흘 곶자왈 입구의 동백숲길

그림 24-10 제주 선흘 곶자왈 습지 탐방객

제주의 선흘 곶자왈 습지 입구에는 59ha의 동백나무숲이 있고, 한적한 숲길을 따라 깊숙이 들어가면 습지가 나오는데 습지가 보여주는 색다른 풍경은 생태관광의 표본이다.

4. 습지 훼손

습지는 자연적으로 생성되거나 소멸되면서 끊임 없이 변화하지만 인간에 의해 크게 훼손되고 있다. 습지는 배수하거나 매립하면 농경지나 주거지로 가장 좋은 장소가 되었고, 유기물이 풍부한 이탄은 연료와 퇴비로 이용되었기 때문에 인간활동이 확대됨에 따라 습지 면적이 급격하게 감소하고 있다. 또한 상류 산림유역으로부터 유입되는 물의 공급이 원활하지 않아 유량이 부족하고, 수질 오염으로 인하여 독특한 생태계 유지가 곤란하다.

표 24-1 습지의 훼손 원인별 영향

영향 원인		서식지 훼손	생물상 교란	수위 변동	수질 변화	홍수 조절 기능 상실	생산성 변화	수확물 감소	건조화
물리적 원인	간척과 매립	●	●	●	◎	●	●	●	●
	습지의 배수와 유입	◎	◎	●	◎	◎	◎	◎	○
	제방축조와 수로변경	◎	◎	●	◎	●	◎	◎	◎
화학적 원인	- 환경오염	◎	◎	○	●	○	◎	○	○
생물적 원인	자연자원의 난개발	◎	●	○	◎	○	◎	○	○
	전통 생활양식 변화	◎	◎	○	●	○	◎	○	○
	외래종 침입	◎	◎	○	◎	○	◎	○	○
기타 원인	몰이해와 연구부족	◎	◎	◎	◎	◎	◎	◎	◎
	인구 증가와 농지확장	●	●	◎	◎	◎	◎	●	●
	무분별한 시설 설치	◎	◎	○	●	○	◎	○	◎

주) ○ 없거나 예외적. ◎ 있음. ● 흔하거나 중요함 (자료 : 국립환경연구원, 2001)

대표적인 산지습지 훼손사례가 강원도 인제군 서화면 대암산에 위치한 용늪이다. 한국전쟁 이후 비무장지대로서 민간인의 출입이 통제되고, 해발 1,304m에 위치하는 지리적 이점 때문에 독특한 습지구조를 형성하여 생태적으로 보전가치가 높아지면서

그림 24-11 인제 대암산 용늪 전경

그림 24-12 육화되고 있는 인제 대암산 용늪(ⓒ박봉우)

1973년 천연보호구역으로 지정되었고, 1999년에는 습지보호지역으로 지정되었다. 그러나 특이한 경관과 생태적 희귀성이 알려지고 탐방객이 증가하면서 훼손되기 시작하였다. 1977년 습지 내 스케이트장 조성과 같은 잘못된 이용으로 지하수위의 변화와 그에 따른 습지 특유의 저수능력 및 통수능력이 저하되어 고산습지로서의 기능이 사라지고, 진퍼리새 군락이 출현하면서 용늪은 점점 육화되고 있다(사방협회, 2016).

5. 습지등급 평가

습지보전 등급을 평가하려면 서식지와 식생환경을 조사한다. 서식지 평가는 수변계수, 수문통제, 호소의 기원, 자연성, 수면적, 수생식물 점유율, 수분포화도 등을 조사한다. 식생환경평가에는 식생의 회복력, 식생유지 기작, 희귀식생 포함 여부, 외지 식생 포함 여부가 판단 기준으로 설정되어 있다. 이러한 기준을 조합한 메트릭스 작성 후, 정량화하고, 이에 따라 습지 등급과 보전 가치를 설정하고, 가치가 높은 습지는 보호지역으로 지정한다(국립습지센터, 2018). 산지 습지보전 평가 시 중요도에 따른 출현 수종은 표 24-2와 같이 5등급으로 나눈다.

표 24-2 산지 습지 보전 평가 시 중요도에 따른 출현수종

등급	수종
1	물박달나무, 물푸레나무, 가래나무
2	물박달나무, 물푸레나무, 느릅나무, 느티나무, 팽나무, 오리나무, 버드나무, 갯버들, 수양버들, 당단풍, 까치박달나무
3	갯버들
4,5	아까시나무

(자료 : 산림청, 2005)

6. 산지습지 보전을 위한 산림관리

산지습지는 산지라는 특수한 환경에 적응하고 진화된 특이한 산림생물이 살고 있는 산림생태계로서, 산지소생물권 보전계획의 핵심적인 위치를 차지하고 있다. 산지습지는 교란 등 외부 압력에 의해 한 번 파괴되면 다시 복구되기가 어려워 장기적인 보전대책을 수립하고 지속적으로 관리해야 한다.

습지가 유지되려면 상류유역에서 끊임없이 물이 습지로 흘러들어와 마르지 않아야 한다. 따라서 상류유역은 숲으로 보전하고 제대로 관리하지 않으면 습지의 보전이 위태롭다. 즉, 상류산림은 증발산이 심한 침엽수를 점점 솎아베고 활엽수 중 자생수종으로 존치하며, 나무가 너무 빽빽하게 들어서 있으면 빛이 들어오지 않아 낙엽의 분해가 늦어 토양 발달이 느리므로 충분히 솎아베어야 한다. 또한 습지 주변의 상층을 점유하는 임목은 되도록 보전하여 그늘을 유지함으로써 급격한 수온변화를 주지 않아야 한다.

한편 습지 하류로 빠져나가는 물을 세밀하게 관리해야 한다. 만약 유출이 심하면 자연과 잘 어울리는 공법을 활용해서 습지에 물을 최대한 머물게 하여 육화되지 않도록 해야 한다.

참고문헌

강영호, 이천용, 배영태, 김찬범. 2011. 산림재해지복구를 위한 주요 수종의 입지 및 재해저항 특성분석. 한국환경복원녹화기술학회지 73:1~15.

국립기상과학원. 2018. 한반도 100년의 기후변화.

국립기상연구소. 2009. 지진해일의 이해.

국립산림과학원. 2005. 지속가능한 산림자원관리 표준매뉴얼.

국립산림과학원. 2011. 산림유역의 물순환조사. 국립산림과학원 연구보고 11-14호.

국립산림과학원. 2012. 기후변화, 숲 그리고 인간. 국립산림과학원 연구신서 53호.

국립산림과학원. 2012. 산림탄소 흡수량 국가표준 개발. 2012.11.14 브리핑 자료.

국립산림과학원. 2012. 임업기술핸드북.

국립산림과학원. 2015. 물을 키우는 숲. 국립산림과학원 연구자료 592호.

국립생물자원관. 2013. 야생동물 서식실태조사 및 관리자원화 방안연구.

국립수목원. 2019. 한국의 산림습원.

국립환경연구원. 2001. 습지의 이해.

국민대학교. 1999. 학교숲 조성 설계기본모델 개발 및 전체 운영계획연구 보고서.

권영아, 이현영. 2001. 도시녹지와 그 주변 기온의 공간적 분포-서울시 종로구 창경궁, 창덕궁, 종묘 주변을 사례로. 대한지리학회지36(2):126-140.

기상청, 2015. 2014년 기후변화 종합보고서, IPCC.

김기원. 2014. 국민대학교 삼림과학대학 숲과문화 강의자료.

김동현 외. 2011. 계량경제적 접근을 통한 도시림의 도시열섬 완화효과 분석. 한국임학회지.

김영걸, 임주훈 외. 2012. 대기오염과 수목피해. 국립산림과학원 연구자료 486호.

김은식, 이희성, 한상욱. 1994. 대기정화식수지침. 풍남출판.

김재헌, 윤호중, 이천용, 이창우. 2004. 동북아지역의 사막화 원인과 대책. 국립산림과학원 연구자료 222호.

김종덕, 장원근, 육근형. 2005. 우리나라 모래해안의 실태와 환경관리방안. 한국수산해양개발원 연구자료.

김학범. 1994. 마을숲. 열화당.

김호준, 박봉우, 임주훈, 하연. 1997. 경관수목학. 두솔

남궁진(탁광일 번역). 2014. 우리가 잘못 이해하고 있는 숲. 산지보전협회.

문현숙. 2005. 습지의 발달환경과 특성. 동국대학교 대학원 박사학위논문.

변재경, 정진현, 이천용, 정용호, 김의준. 2005. 해안매립지에서 해풍차단이 수목의 고사율 및 생장에 미치는 영향. 한일해안림학회 공동학술대회논문집. 141~142.

부산발전연구원. 2015. 부산 연안역의 기후변화 적응방안 보고서.

사방협회. 2016. 산림복원(습원) 타당성 평가 보고서.

산림청. 2005. 산림습지 생태계조사 및 보전 관리방안에 관한 연구(2차년도)보고서.

산림청. 2011. 해안방재림 조성 관리기본계획.

산림청. 2013. 공익기능 증진을 위한 숲가꾸기 사업 매뉴얼.

생명의숲. 2007. 조선의 임수(역주). 지오북.

손학기. 2013. 산이 만드는 시원한 바람, 녹색에어컨. 산사랑 46:6~13.

신학섭, 김혜진, 한상학, 고승연, 강혜진, 이서희, 이천용, 김찬범, 배영태, 신재권, 윤충원. 2013. 서해안 사구식생의 유형분류와 사토양 및 식물무기성분 비교. 한국임학지 102(3):345~354.

윤민호, 안동만. 2009. 위성영상을 이용한 도시녹지의 기온저감 효과 분석. 한국조경학회지37(3):46~53.

윤철경, 하시연. 2014. 위기청소년 성장 지원을 위한 숲(체험) 프로그램 개발 및 운영방안 연구- 위기청소년 성장지원을 위한 숲(탐험) 프로그램. 경제·인문사회연구회 기획 협동연구총서.

이경준 외. 2014. 산림과학개론. 향문사.

이경학. 2013. 숲 온실가스의 저장고이자 자연의 에어컨. 나무와 숲 2:28~31.

이수광. 2009. 세계의 사막화. 월간환경 9월호.

이영경. 2010. 산림경관의 치유효과. 전문가초청세미나 발표자료. 국립산림과학원.

이창우, 이천용, 김재헌, 윤호중, 최경. 2004. 고성 산불피해임지의 토사유출 특성. 한국임학회지 93(3):198~204.

이천용, 김경하. 1991. 산림과 물. 임업연구원 연구자료 52.

이천용, 김경하, 원형규. 1992. 산림의 공익적 기능의 계량화 연구(2)-수원함양기능. 과학기술처 특정연구과제. 63~81.

이천용, 원형규. 1994. 산림유역 내 계류수의 계절별 수질변화. 임업연구원 연구보고 49: 81~86.

이천용 편. 1996. 문화와 숲, 수문출판사(숲과 문화 총서 4).

이천용(공저). 1999. 소나무 소나무림. 임업연구원.

이천용. 2001. 보안림. 임업연구원 연구신서 1호.

이천용. 2005. 사막화방지를 위한 수목개발·목초지 조성기술. 환경부 특정과제 보고서.

이천용, 정용호, 김재헌. 2005. 해안보안림의 실태와 관리방안. 한일해안림학회 공동학술대회논문집. 50~53.

이천용, 김재헌, 윤호중 외 7인. 2005. 서해안 대청도의 해안림과 해안사방. 한일해안림학회 공동학술대회논문집. 46~49.

이천용(편저). 2006. 잣나무의 생태와 문화. 도서출판 숲과 문화.

이천용. 2006. 훼손산지 비탈면의 생태적 복구기술. 국립산림과학원 연구신서 18.

이천용a. 2007. 북유럽의 지진해일방지 해안림 조성 및 관리연구. 귀국보고서.

이천용b. 2007. 고찰앞에 늘어선 아름다운 숲길이야기. 숲과문화총서 15(숲과 길). 도서출판 숲과문화.

이천용a, 정진현, 손요환, 변재경, 구창덕. 2009. 산림토양. 한국토양비료학회지 42권 별호: 238~258.

이천용b, 윤호중, 이창석. 2009. 사막화생태복원을 위한 성공요인분석 및 개선모델개발. 국립환경과학원보고서.

이천용c. 2009. 주말이 기다려지는 숲속걷기여행. 터치아트.

이천용 등(공저). 2009. 대한민국 여행사전. 터치아트.

이천용 등(공저). 2010. 대한민국 걷기사전. 터치아트.

이천용 등(공저). 2011. 대한민국 감동여행. 터치아트.

이천용(편저)a. 2014. 숲과 문학. 도서출판 숲과문화.

이천용b. 2014. 고운 최치원의 문학과 숲. 산림지 6월호.

이천용c. 2014. 산지토사재해론. 구민사.

이천용. 2017. 숲관광의 확산방안. 숲과 관광. 도서출판 숲과문화.

이천용. 2018. 숲에서 길을 찾다. 구민사.

이천용. 2022. 산림환경토양학. 구민사.

이충화, 이천용 외 7인. 2003. 대기오염 및 산림생태계 변화 모니터링. 임업연구원 연구자료 204호.

임신재 등. 2012. 산림시업에 의한 산림환경과 야생동물의 특성 연구. 산림청 용역과제 보고서.

장영신. 2011. 황사의 역사. 기상청 홈페이지.

장철규, 정성관, 장정선, 김경태, 오정학. 2015. 초등학생들의 만족유형을 고려한 학교숲 조성방향. 한국조경학회지37(4):42-51

전영우. 2013. 숲과 문화. 북스힐.

전영우. 2014. 우리 민족의 기상 소나무. 산사랑 49:6~13.

조병훈, 배영태, 윤충원, 이천용, 김경하. 2011. 서해안 사구 자생식물도감. 국립산림과학원 연구신서 45.

탁광일. 2013. 숲은 더 크고 아름다운 학교. 산사랑 45:6~13.

펠릭스 파트리(하연 번역). 1994. 숲(Der Wald). 두솔.

한국해안림연구회. 2008. 해안방재림 조성 · 보전관리방안에 관한 연구. 산림청보고서.
환경부. 2022. 환경백서.
환경부. 2021. 환경연감.

기상청 홈페이지(국가태풍센터)
산림청 홈페이지.
환경부 홈페이지.
Frédéric Berger etc. 2013. Eco-Engineering and Protection Forest Against Rockfalls and Snow Avalanches. INTECH.
Julia C. Klapproth. 2009. Understanding the Science Behind Riparian Forest Buffers: Effects on Water Quality. VSU.
University of Missouri Center for Agroforestry. 2013. Training Manual for Applied Agroforestry Practices.

www.forestry.gov.uk/fr/INFD-7T9JF8. Cases for and against forestry reducing flooding
www.fao.org/docrep/008. Forest and floods